贰阅 | 阅爱·阅美好
ERYUE

让阅读走心
让阅历丰盛

101次迎难而上

心理咨询之道

薛伟 ◎ 著

北京联合出版公司
Beijing United Publishing Co.,Ltd.

图书在版编目（CIP）数据

101次迎难而上：心理咨询之道 / 薛伟著 . — 北京：北京联合出版公司，2021.11

ISBN 978-7-5596-5516-5

Ⅰ.①1… Ⅱ.①薛… Ⅲ.①心理咨询 Ⅳ.① B849.1

中国版本图书馆 CIP 数据核字（2021）第178115号

101次迎难而上：心理咨询之道

作　　者：薛　伟
出 品 人：赵红仕
选题策划：北京时代光华图书有限公司
责任编辑：管　文
特约编辑：陈　佳
封面设计：新艺书文化

北京联合出版公司出版
（北京市西城区德外大街83号楼9层　　100088）
北京时代光华图书有限公司发行
北京晨旭印刷厂印刷　　新华书店经销
字数197千字　　787毫米×1092毫米　　1/16　　17.75印张
2021年11月第1版　　2021年11月第1次印刷
ISBN 978-7-5596-5516-5
定价：68.00元

版权所有，侵权必究
未经许可，不得以任何方式复制或抄袭本书部分或全部内容
本书若有质量问题，请与本社图书销售中心联系调换。电话：010-82894445

推荐序

迷雾森林中有人引路

做心理咨询真不是一件容易的事情。对于咨询师来说,需要学习很多理论,也要经过很多的实践及督导,才有可能对眼前的来访者有更深入的了解。这至少要花 3~5 年的时间。即便现在学习的方式有一定的灵活性,既可采用实体课,又能利用网络教学,但我想,新手咨询师,在 3~5 年的学习历程中,其实学习的不仅是理论与技巧,更多的是关于自己内在的一些体验和感悟。成熟的咨询师往往能自在地使用自己的身体敏感性和内在感觉去听来访者的真实话语,然后通过语言和在场性的表达抵达来访者的内心。

做咨询不容易,但通往一个成熟咨询师的路,在我看来并不困难。只是很多时候,很多人并没有走在路上。世界上有很多的流派,有很多的方法和技巧,路已经存在,就在那个地方,但大部分人容易迷失在无意识的森林当中。

2015 年的时候,我的心里程心理咨询中心开始与薛伟老师合作,开设精神分析的专业培训课程及团体课程。我自己听课,时常会发出感叹:"哦,原来是这样的!"如果刚好遇到老师讲到类似的来访者,总会有思绪一下子就通畅了的感觉。比如本来预设可能会脱落的来访者,突然就预约了下一次的咨询,当这个来访者再来的时候,我会感觉我们连接上了——我在某个部分能理解他、容纳他了,他也就可以安心地在咨询中继续和我深聊他的困惑。我想大部分的咨询师也都有过这样的体验,这必然是自己内在有所获得,不仅仅是头脑中理解了某个概念的缘故。

我自己也参加了4年由薛伟老师和邹政老师带领的团体,一直惊叹两位老师怎么可以把团体发生的事情,以及每个人说的故事和感觉都记录得如此清晰,而且可以做出非常精确的评析。每位组员内在的感觉关联的事件,每个家族的印记与脉络,每次团体中的沉默、冲突、意识化的高点与阻碍团体进程的低点,居然能做到在他们的内在一一都有标记,并且都可以找寻到源头,也能够指明清楚的发展方向。

从标准的12人团体,到24人的翻转鱼缸式团体,到36人的次第团体,参与其中的人员记录这几天的历程就要消耗两个厚本子。在两位老师那里,我们总是会慢慢感觉到自己像是在迷雾森林中看到了光的方向,前面有人带路,不停地提醒着偏离的我们,回到我们应该走的那条路上。个人认为:两位老师带领的团体值得每位愿意真正成长的人参加,必定收获颇丰。

两位老师在心理咨询和团体咨询的路上,已经走了很久。他们一直在通过他们的方式引导我们走至原本的路。团体是一种方式,大家看到的这本书是另外一种方式。2017年年底,我们就想到用一种短小精悍的音频方式,由薛老师来解答在心理咨询过程中咨询师经常遇到的那些困惑。3年过去了，经过贰阅心理的整理与编辑，这本书呈现在了你的面前。

书中出现的那些人，在咨询室中常常遇见的——"要求服药的人""习惯性迟到的人""过度饮酒的人""被动的人""性滥交的人"等，面对他们，咨询师不得不长出"第三只眼睛"，第三只眼睛怎么"看"，决定了咨询师怎么做咨询。薛伟老师把他的第三只眼睛给我们使用，让我们看得更远，也看得更清晰。

这让我想起唐代禅宗大师青原行思说过的人生三境界，大意是：涉世之初，相信眼见为实，看山是山；历尽千帆，生活为物所累，看山不是山；洞察世事，人生豁然开朗，看山还是山。我想咨询也是如此，薛老师二十多年的个案和团体经验，看到的山已然不是我们看到的山了。先借用老师的"看"，然后经历我们自己的"看"，最后才能真正地看见那条迷雾森林中的路在哪里，通往何方。

如果"看"是第三只眼睛，我想咨询师还得有"第三只耳朵"。第三只眼睛的作用是洞察，侧重于明察秋毫的观察与不戴有色眼镜的看见。第三只耳朵的作用是洞悉，重点在于深入透彻的理解——听风，听雨，听雷——风的背后有雨，雨的背后有雷，每一层有每一层的关系，它们之间纵横交错，或许是雷雨和着狂风，或许是轻风伴着细雨。即便无风，高人也能听见落叶下坠的声音，了然于心。薛老师在我心中就是那个听落叶声音的高人。

如果你是一个心理学爱好者，这本书可以带给你一个全新的理解他人丰富生命的角度。

如果你是一个新手咨询师，这本书必然会是你的宝典，让你做咨询时得心应手。

  如果你是一个正在成长中的咨询师，这本书必定会在你困惑的时候，成为你最得力的助手，助你一臂之力。

  如果你已然是一个成熟的咨询师，相信这本书也会让你在成为督导师的路上走得更远。

刘冠宇

心里程心理咨询中心创始人

CNPT 儿童游戏治疗培训中心创始人

心理咨询师、结构式文化动力团体带领者

2021 年 2 月

自　序

从文化视角漫谈心理咨询何去何从

心理咨询是文化的一个组成部分，源自西方，与其他社会伦理共同维持西方社会的平衡。作为一种技术和方法进入中国，心理咨询本身的文化特质如何加以调整，才能融入我们的社会文化，化解当前社会的文化冲突，是心理咨询从业者绕不开的问题。

心理咨询的产生

从目前整个生存环境和状态而言，进入信息时代，人们的信息量有所增加，所见所闻不仅对我们的生活状态有影响，更加重要的是，对我们的心理状态也有影响。人生活在信息当中，环境的变化引起我们内心的改变，对于我们目前所处的时代，有很多人觉得很好，因为这个时代比以往更快速、更便捷，能为我们的生活提供更多便利；也有些人觉得不好，因为它似乎让我们丧失了很多东西，比如日渐淡薄的思念。

在这个时代，人们内心的困扰变多了。生活的变化对我们的心理状态而言就是一种冲击，我们会因此产生很多困扰，如何应对、解决这些困扰，就变成了眼前的问题。

我认为，心理咨询是咨询师用来解决心理问题的方法，更是心理咨询师用来探索"人究竟是怎么回事"的方式。

当环境发生很大变化时，一个人的内心也会发生很大的变化，人与环境的关系也会发生变化，那原来继承下来用来解决问题的办法，如今是否还能继续使用？人与环境交互产生的心理问题也在发生变化，传统的解决心理问题的办法是否还可以继续使用？哪些可以用，哪些不再适用？哪些应该保留，哪些应该舍弃？心理咨询作为一种认识人或者帮助人解决困境的方式，到底应该如何发展？

心理问题的发展

一个人面对变化时，为了调整自身而努力的过程有时候比较顺利，有时候又会有很多曲折，碰到困难的时候，心理问题就会通过多种形式表现出来。可以说，心理问题就是一个人在成长和发展自身的过程中，表现出来的各种状态，而心理咨询就是了解人如何成长以及处在怎样的状态。

当心理咨询的目的指向人本身，而不是人之外某个问题的时候，我们更容易讨论何去何从的问题——与其说是讨论心理问题何去何从，不如说是讨论人到底何去何从。这就是哲学的三个基本问题：我是谁、我从哪里来、我到哪里去。

在我看来，心理咨询就是在不同时代、不同文化状态、不同语境中，用各自的方式不断地回答这三个问题。

对世界的认识

关于人本身的问题，涉及人们为什么要探索自己和了解自己。人们通过了解自己，间接地把自己变成了解世界的通道。心理学通过这样的途径，在了解世界的过程中，寻找自己的存在感和确定感，也就是说，心理咨询跟"你如何看待这个世界"产生了一种关联。

了解世界的方法和途径有很多，一种偏客观，一种偏主观。用偏客观的态度了解世界的方式，称为科学的方法。科学的概念我们不去定义它，因为每个人对科学的理解不尽相同。我们使用科学的概念，是基于在探求这个世界的时候，有一个前提假设，这个假设认为有绝对化客观的状态存在。我们去探索客观状态的真相，是一种科学的方法。

另一种是用偏主观的态度了解世界的方式，称为艺术的方法。它是一种与科学方法不同的途径。科学的方法认定有一个客观世界等着我们去发现真相。艺术的方法不认为有客观世界存在，或者说，真相有无并不那么重要，重要的是当事人的感知体验，是通过其自身体验来描述和传达对世界的认识。

艺术和科学看似有些对立，探索世界的途径也不同，那么它们到底有什么关系？我们应该用什么态度取舍呢？

回到本源，我们要了解自己——人之所以为人到底怎么回事，从而了解自身的心理状态。在这个过程当中，首先要明白艺术和科学是否有矛盾。

大多数人认为，艺术和科学并不矛盾，它们是两个方向，两种不同的途径，在具体化层面会显示出很大的差异，但它们彼此又存在很强的联系。

我们是采取主观态度还是客观态度来认识这个世界，会影响到科学应用的方方面面。心理学是科学的分支，我们认识世界的不同态度对心理学又有哪些影响呢？

心理咨询发展到现在，大概也就一百多年的历史，中间经历了很多变化，就整个发展过程来看，几乎是从弗洛伊德那个年代开始使用谈话治疗的方式，当然之前也有，不过并没有以心理咨询或心理治疗来命名。

心理咨询被这样命名后，就已经带上了科学的含义，以科学的面目出现。以精神分析为例，弗洛伊德创建一个探索人内心的理论，想把人内心的状态用客观性描述出来，这样的态度，被称为科学的态度。

心理问题的变化

在进入科学时代之前，人也有各种各样的困扰，应对困扰的方式也有很多种，例如请巫师占卜或向神父祷告等。这些方式都是通过沟通和交流解决人的困扰，因为那时还没有心理咨询的概念。科学时代来临之后，人们发现这些方法没有实质的道理，而且这些方法很主观，没有证明其客观的证据存在，所以渐渐被科学摒弃。

到了科学时代，心理咨询用科学的方法替代了原本带有迷信色彩的解决人心灵困扰的方法，一开始还顺利，但近二十年以来，问题越来越明显。我们用科学的方式，把这个世界当成绝对客观的真实存在的对象去研究，用这种态度去探索人的心理问题，却发现用这样的态度并不能找到有效的途径去解决人的内心困扰，于是对这些科学的方法产生了质疑并对其进行反思。

用古代迷信的方式来解决人的心理困扰之所以渐渐无效，是因为人所处的环境在发生变化。环境的改变也导致我们对迷信的方法产生疑问。进入科学时代，随着科学的发现越来越多，人们用越来越客观的方式和视角来看待世界，对世界的认识发生了很大的改变，不再认为有神灵存在。取而代之的是人们开始不受主观影响，认为世界是绝对客观化的存在，这种认识导致人的困扰也发生了变化，所以，非科学的应对方式不再适用。

随着环境的不断变化，科学逐步发展，原来人们对世界绝对客观的认识又发生了很多变化，有很多经典的物理学实验，正慢慢推翻世界绝对化客观的观点。我们很难说清楚这个世界是主观的还是客观的，世界也并非我们原来所设想的由物质构成，它似乎是介于物质和第二性之间的东西，于是，主观认识和客观认识之间的界限越来越模糊。

随着我们对世界认识的加深，不能再以主观和客观来区分原来的状态，这种发现很大程度上影响了我们生活的文化环境，之前我们认为一切有迹可循，但现在变得不再那么确定。进入后现代的社会，推翻了原来与科学时代相匹配的现代主义文化，变为后现代文化，现代主义文化强调唯物，后现代文化强调去中心化、去结构化、多元化，给了主观性更多的位置，找到主观性很多的价值，从这一点来说，有一种回归的迹象。

这种回归跟进入科学时代之前有很大差异，在进入科学时代之前人们对世界的看法很主观，假设有很多神灵，但那只是一种描述，并没有实证。这种回归，导致我们对自身心理状态和心理问题的认识发生了很大变化，想要解决心理问题的方法也随之发生改变。

我们每个人看似对如何看待世界不感兴趣，但发生在每个人身上的困扰是无法躲避的，这些困扰会影响每个人，也跟每个人都有关系。这种关系和如何看待世界关联在一起。

我们用一个具体落点，来探讨对世界的看法和文化环境的影响是如何影响解决心理问题的方法的。

精神分析的发展历程

以精神分析为例，弗洛伊德用经典精神分析来解决心理问题，经典精神分析在临床应用中有三种核心技术——面质、澄清和解释。采用面质，首先要有一个前提，就是有一样客观存在的东西在那里；它存在才能够去面质和澄清，如果那样东西本身不存在，就没办法去面质，如果那样东西一直在变化，也没办法去澄清。所谓的现象和问题，不会因为你的探索而发生变化，人的心理问题也不会因为心理咨询师的介入而发生变化，只有建立在世界实证唯物主义的基础上，心理咨询师才能帮助来访者挖掘那样东西，然后解决它。

后来，人们发现这种技术在临床应用上并不能很好地解决问题。在那个年代，来访者主要是癔症（歇斯底里症）病人，歇斯底里更多地表现为情绪爆发和身体出现问题。弗洛伊德认为，癔症的发生是因为来访者心里有说不出的秘密和愿望，如果想办法让他说出来，症状就会消除，这就符合绝对客观化的观点。但愿望和秘密不会因为咨询师的探索而发生变化。

随着临床治疗的发展，来访者也相应发生了一些变化，癔症病人越来越少。到了弗洛伊德学术流行晚期，人的心理问题更多的是情绪问题，特别是抑郁症病人。面对抑郁症病人或以情绪困扰为主的病人，面质、澄清和解释技术并不能产生效果，因为他们的问题不是秘密，不需要说出来。继而这些基础的宣泄技术失效，取而代之的是以抱持、接纳和转化为主的技术。于是，客体关系理论开始发展。

弗洛伊德原本的解释技术，是想把问题说清楚，在客体关系理论中解释发生了变化。客体关系理论认为，如何解释不重要，重要的是解释时保持的态度，通过解释传达接纳。这时，临床技术发生了很大变化，应对的心理问题也发生了很大改变，例如常见的病症由癔症变为抑郁症，这些改变都与生活环境变化有关。

心理咨询与社会文化

随着社会的发展，以资产阶级为主导的新阶层兴起，原本结构化明显的社会状态变得相对扁平，强调自由平等。这种变化导致人们的心理状态发生改变，从原来结构化中以压抑为主的症状，变成以失落为主的症状，科学发展带来自由的同时，失去了确定性和稳定性，失落替代了束缚，因此，抑郁状态变得多了，而癔症变得少了。

在这里要谈的重点，不是症状怎么变化，而是临床技术变化背后隐藏的态度。

面质、澄清和解释的背后是非常科学的态度，当技术慢慢转为抱持、接纳和转化，心理问题的绝对化客观存在慢慢模糊不见了，不再强调心理问题的产生是因为你心里藏着一个看得见、说得出来的问题，而是变成一种缺失。

也就是说，来访者心理问题产生的背后，隐藏着我们对世界认识的变化，心理问题不再源于绝对客观的秘密或愿望，而源于失落和关系的丧失。

精神分析中客体关系理论兴起，人的需要不再是弗洛伊德所说的欲望和性对象的满足，而变成关系的满足。关系虽然抓不住，但是存在。于是我们看到，人们对心理问题的界定从一种看得清楚的层面到了一种模糊的情感感受层面。

在弗洛伊德时期，本能被认为是一种跟物理学相匹配、相类似的能量，是一种实实在在的存在，符合机械唯物论。到了客体关系理论中，人的最大需求是建立关系，而不是本能的满足。于是随着对心理问题的界定发生变化，人的需求变成一种能被感觉到的关系，不再那么抽象。

对心理问题的看法，从非常绝对科学的态度向艺术的态度迁移，不再是完全客观，而是有一部分主观存在。

再往后发展，抑郁的情况也慢慢发生变化，来访者的问题更多地变成了焦虑，虽然还是以情绪问题为主，但由原来的身体反应变为弥散性焦虑。

如果抑郁的背后是失落，那么焦虑的背后则是迷茫。迷茫成为人们主要的问题和困扰，对来寻求帮助的来访者，如果还用一种相对接纳和抱持的态度，效果就不那么好了，使用接纳和抱持的技术虽然能使焦虑的来访者好受一些，但其症状不会消失。

这提醒我们，内在症状的困扰总是相对应于外在环境变化而产生的。迷茫是怎么产生的？为什么以失落为代表的困扰变成以迷茫为代表的核心症状？

科技的发展，使人们的生活变得"无边界"，越来越"靠近"，几乎不存在所谓"思念"的问题。比如，想见一个人可能只需要几秒钟的时间；从一个地方到另一个地方，也不需要长年累月，很多地方一天之内就可到达。这种情况下，好像就不会再产生失落。失落是因为情感联结的断裂，一种情感没办法安置到另一个人身上，或者说，原来的情感因时间和空间的断裂，想要重新连接时发生困难。如今，见面很方便，不会有长久的思念，因此丧失了一种情感（"长久思念"的体验），不需要再把这种感觉放在心里，而是可以通过另一种形式表达出来。信息的传递变得非常容易，人与人这么容易靠近，丧失了关系体验，这时候，迷茫就产生了。

随着科技的发展，人们的自由度越来越大，这种情况下就产生了另外一个问题——很多情感体验无从产生，自我存在感和确定感没办法寄放在原本可以寄放的情感上，那么它该寄放到哪里呢？我们不知道答案。自我存在感和确定感好像因此而迷失，这就是后现代文化背景——以焦虑为主的后现代特征，以及心理状态的特质——以自我迷茫为核心的体验。这是我们普遍面对的问题。

面对这种情况，心理咨询中所采用的态度和策略是接纳，但仅仅接纳是不够的，还需要解构跟建构。我们认为不再有固定的模式，去创造一种我们认为的事实，也没有绝对客观的事实，所有的事实都可以通过彼此的关联建构出来。

随之，精神分析慢慢发展出后自体学派、主体间学派、关系学派和拉康学派。临床技术中更强调主体间性，技术的运用上更强调建构，治疗师可以更主动地参与其中。这些发展都在否决原来客观和固定不变的东西，以一种偏主观的态度来看待心理问题，这种态度侧重于用艺术的方式来表达和体验这个世界，而不是以科学的方式来描述这个世界。

心理咨询的发展历程，从比较科学的态度慢慢发展成艺术的态度，这种态度的转变，跟物理学等基础理论科学对世界的认识及其营造出来的社会文化密切相关。在这种社会文化中，人们的心理问题也相应发生了变化。因此我们看到，所有的事情都是相互关联在一起的，并不孤立存在。

中国社会中的心理咨询

心理咨询在中国出现至今，仅有30多年，它没有循序渐进的发展过程，可以说是横空出世的。在面对与我们的环境相对应的心理问题时，到底该用什么视角、什么态度、什么技术，这些都是很重要的问题。

原则上来说，需要一种针对性的方式，对待不同的问题用不同的技术。如果问题以压抑性为主，我们就需要使用与面质、澄清和解释相关的技术；如果问题与失落有关，我们就用与抱持、接纳和转化相关的技术；如果问题跟迷茫有关，我们就需要用与解构相关的技术。这些都只是技术层面的探讨，在这种背景下，心理咨询该如何发展，是我们所面临的问题。

我个人认为要在传统文化中寻找探索的方向，利用有用的资源，找到应对目前心理困扰的有效方式，分辨出在进行心理咨询过程中哪些地方发生了错位、哪些地方没有好好利用等，通过与传统文化有关的探索性方法，对这些问题一一进行探讨。

《101次迎难而上：心理咨询之道》可以算是进行这样探讨的尝试，并不是提供标准化的答案，只是呈现一种思考，希望借此抛砖引玉，引起更多同行对心理咨询本土化问题的探讨。

目 录

1 心理咨询到底要干什么 ▪001

2 心理咨询是什么 ▪003

3 心理治疗要在什么地方进行干预 ▪005

4 心理发展到三元状态还会退回一元状态吗 ▪009

5 什么是社会语言体系 ▪011

6 咨询技术的指导性原则 ▪013

7 咨访关系的本质是什么 ▪016

8 如何进行心理咨询工作 ▪019

9 为什么咨询师付出很多，咨询却不见成效 ▪022

10 来访者真正的问题是什么 ▪024

11 工作联盟与治疗框架分别是什么 ▪026

12 每次治疗前要做什么 ▪029

13 你能根据目前的问题做出诊断吗 ▪032

14 交替使用支持性和解释性技术 ▪035

15 是做"容器",还是提供足够的"抱持性环境" ▪038

16 使用药物的时机 ▪041

17 要使用药物治疗抑郁症吗 ▪044

18 要求服药的人 ▪047

19 不想服药的病人 ▪050

20 如何阻止人们过早退出治疗 ▪052

21 早期阻抗者存在的问题 ▪054

22 没有清晰问题的人 ▪057

23 有神经症、边缘性人格障碍和精神病性症状的人 ▪060

24 患有躯体疾病和有转换性症状的人 ▪063

25 "有钱的人" ▪066

26 成功者的困境 ▪069

27 无法面对退休的老年人 ▪071

28 聪明的人 ▪074

29 习惯性迟到的人 ▪077

30　习惯拖延的人　▪080

31　过度饮酒的人　▪082

32　烟草上瘾的人　▪084

33　恃强凌弱者　▪087

34　被动的人　▪089

35　"怕老婆"的男人　▪091

36　以自我为中心的人　▪093

37　有强迫现象的人　▪096

38　有刻板动作的人　▪099

39　冒失的逆恐者　▪102

40　性成瘾的人　▪104

41　什么是边界　▪106

42　觉得深深"爱"上你的人　▪109

43　想跟你发生性关系的人　▪112

44　试图脱衣服诱惑你的人　▪115

45　给你送礼物的人　▪118

46　用言语攻击你的人　·121

47　比你先理解他们自己的人　·124

48　渴求拥抱的人　·126

49　与你的助理聊天的人　·129

50　与你的助理约会的人　·131

51　治疗中的"行动者"　·134

52　带配偶进入咨询室的人　·137

53　带着父母来咨询的人　·140

54　带着婴儿来咨询的女人　·143

55　不能准时离开咨询室的人　·145

56　指控你不关注他的人　·148

57　不让咨询师插嘴的人　·151

58　沉默的来访者　·154

59　在咨询室中来回走动的人　·157

60　不断看表的人　·160

61　问你有什么感受的人　·163

62　坐在你椅子上的人　▪166

63　带饮料进入咨询室的人　▪168

64　不主动支付费用的人　▪171

65　要不要降低费用　▪173

66　不直接承担咨询费用的来访者　▪176

67　由家长付费的青少年或儿童　▪179

68　移动咨询室家具的人　▪182

69　在等候室睡觉的人　▪184

70　询问你个人信息的人　▪186

71　做咨询时能讲道理吗　▪189

72　有高自杀风险的人　▪191

73　在咨询室外遇到了来访者　▪194

74　隔着屏幕的来访者　▪196

75　长途跋涉来做咨询的人　▪199

76　与来访者的必要联络　▪201

77　直接称呼你名字的人　▪203

78　什么是反移情　205

79　过于顺从的来访者　207

80　盘问你理论取向的人　209

81　追问办法和建议的人　212

82　对你的解释不做回应的人　215

83　过度聚焦咨询师的人　217

84　为何不断提问却没有进展　219

85　过度警觉的人　221

86　只诉说梦境的人　224

87　沉溺于赌博的人　227

88　特别喜欢整容的人　229

89　寻求心理咨询的"灵修者"　231

90　推荐朋友找你做咨询的人　233

91　推荐家庭成员找你做咨询的人　235

92　自我责任感是不是心理咨询的前提　238

93　遗传疾病对孩子的影响是什么　240

94　社交关系和情感关系有什么区别　▪242

95　成人的世界有爱情吗　▪244

96　如何维持亲密关系　▪246

97　爱情在心理咨询中意味着什么　▪248

98　个体治疗与团体治疗的区别　▪250

99　为何要改变原生家庭对自己的影响　▪252

100　做咨询时能讨论信仰吗　▪254

101　未来的来访者　▪256

1 心理咨询到底要干什么

我们启动"101次迎难而上"的旅程，主要是针对在展开心理咨询或者接受心理咨询的过程中，可能会遭遇的种种问题进行一系列的探讨和分享。换一个说法，也可以理解为是针对一个小孩在成长历程中可能会碰到的问题而展开的分享。我们借助心理咨询的范畴来探讨这些问题，并不完全只是针对专业人员，也面向广大心理学爱好者和社会大众。只要你想让自己有所改变、有所成长，就有可能从中获益。

谈到心理咨询，我们要弄清楚的第一个问题，是心理咨询到底是干什么的？这是一个非常有原则性的问题。所有其他的问题都是在这个问题被解决的基础上才可以讨论的。其实很多人，不管是咨询师还是前来接受咨询的人，都会有这样一个疑问。那么，它根本性的目的到底是什么？它又为什么会成为一种社会需要呢？

人生于世，其实在哲学意义上跳不开3个问题：我是谁，我从哪里来，我到哪里去。同样，心理咨询的工作也离不开这3个问题。

所有的心理问题之所以会出现，从根本意义上来讲就是因为不清楚"我是谁"。这个不清楚，可能是在具体的身份上不清楚，但更多的时候是在内在感觉上不清楚。换句话说，如果没有关于自己存在的清晰的内在体验，也就不能获得一个比较明确的外在社会身份。所有的问题都是指向这个方向的。心理咨询就是在这一点上，试图通过一些心理学专业的方法帮助一个人排除一些困难——阻碍他成为一个具有清晰的状态、拥有明确社会身份的人。

简单来说，就是让一个人可以清楚明确地成为他想要的样子，这就是心理咨询的基本目标和任务。虽然在心理咨询时经常会谈论很多现实的苦难、具体的事件，但是对这些问题的讨论或解决，最终都指向一个人更加清楚地成为自己。一个人一旦能够成为自己，就意味着他可以自己做决定。比如，你可以决定自己要去哪里、做什么，当然你也可以决定你要成为一个什么样的人。而一旦你有了自我决定的权利，那么你自然就更容易想出办法来应对和解决现实中的问题。

如果你不能明确自己的存在状态，那么你考虑如何解决一个问题的时候，自然会出现很多困难。因为你没有立足点。换句话说，解决任何现实问题就如同让一个人从一个地方到另外一个地方。如果一个人不清楚自己到底是谁，也就意味着他不清楚自己正处于什么地方，当然就没有办法决定下一步要去哪里，这就涉及"从哪里来"和"到哪里去"的问题。所以只要你清楚了自己现在在什么地方，自然就能决定或者判断下一步能不能去到另外一个地方。

心理咨询，其实就是用一些心理学的概念来重新描述、界定、讨论"我是谁""我从哪里来""我到哪里去"这3个最基本的问题。其中，我们每次都要讨论的核心便是"我是谁"。

2　心理咨询是什么

在很多人的理解中,"说话"几乎等同于什么都没干。那在心理咨询的过程中,咨询师只是把来访者的心理问题说出来,怎么来访者就恢复了呢?什么都没干就能帮助来访者吗?其实关键在于咨询师说了什么。

早年间,我也遇到过朋友问这样的问题,当时我觉得很为难,因为我好像很难回答他们的问题。在我看来天经地义的事情,真要解释说明的时候,我才发现其实自己也不懂。

在遇到过多次这样的询问后,我发现,如果提问的人得不到满意的答案,就会有些隐隐的失落,虽然提问看起来只是因为好奇。而我因为回答不上来,就会有些郁闷和懊恼,感觉如果连自己到底在干什么都说不清楚,也就失去了做这件事的意义。我回答不上来这个问题,这就像是一次失败的咨询,其实它就是一次失败的咨询。

当了解到这一点后,我开始重新审视问答的历程,才慢慢明白了这其中到底发生了什么。

朋友通过提问，扔过来的是其内心想要被看见的欲望，而我找不到合适的言语去反映，他的欲望就只能回到出发的地方，也就是他的心里，变成一种隐隐的失落显现出来。我没能诉说他的欲望，于是只能看见一个无法言说自己欲望的人。

这一切，始于我想要回答朋友的问题。而那一刻，我与他不分彼此，我被他的欲望占据，可是又无法替他诉说，于是我也成了一个无法说出欲望的人。

欲望就是自我，说不出欲望就等于丢失了自己。失落和郁闷就成为欲望的化身，让朋友和我重新看见了自己。我们各自收拾自己的情绪，再一次分开。

当我能够在心里说出这一切，郁闷就消散了，因为欲望用言语说了出来。

心理咨询就是一个人追逐着自己未能言说的欲望，另一个人用言语翻译他的欲望，使得欲望进入语言，得以成为他自己的过程。前者是来访者，后者是咨询师。

自我即是欲望，而欲望止于诉说，自我成于诉说。成长没有尽头，心理咨询是一场永无止境的诉说，发生在你和这个世界之间。

3　心理治疗要在什么地方进行干预

心理咨询的原则性目标是帮助不同的来访者成为自己,帮助他去适应社会、拥有一个社会身份。但是在达成这个目标的过程中,每个人所处的阶段不一样,所以阶段性的目标会有所不同,咨询师的工作可能性也会有所不同。

我们需要了解一个人心理成长的阶段性过程,也就是一个人从婴儿成长为符合社会标准的成人,他在心理层面上大概要经过哪几个阶段。只有弄清楚这个部分,我们才能去界定工作的重点到底对应在哪个阶段。

我们采用一个比较简单的阶段分类,分成三个阶段。

第一个阶段是一元关系。处在一元关系的时候,来访者就像一个婴儿。在这个阶段他还分不清楚自己跟外界环境的界限和区别,所有需要都是生理性的需要:饿了想要吃、冷了想要暖和等等。这些都不需要他动脑筋,是本能的、自发性的。他获得满足时的感觉也是本能的,因为这些是根本性的需要。这时他其实并没有自我意识,他只是在那里而已，并没有"我是谁"的感觉。在这种状态中，因为连"自己"都没有出现，所以在某种意义上，谈不上有什么心理问题。心理问题都是形成于自我发展和自我意识出现的过程中的。

随后他慢慢长大，进入第二阶段：二元关系。这时候他开始意识到，除了他之外世界上还有别人。简单地说，就是意识到妈妈的存在。他之所以会意识到这一点，是因为他躺在那里，随着日渐长大，他的需求越来越多，而妈妈没有办法分秒不离地守在他身边。总有一些时候，他饿了没有东西吃，冷了没有及时获得温暖。这个时候他意识到，他所能获得的满足其实是由另一个人提供的，进而意识到周围有另外一个人，这就出现了一个模糊的关于我和非我的边界的感觉，进入了二元关系状态。

从一元关系进入二元关系是一个分离过程，是一个自我意识的萌芽过程，也是一个人从无我状态慢慢进入有我状态的过程。人会从浑然一体的整体感进入一个"我"产生的片段破碎的感觉中，虽然有自我产生，但同时丧失了整体感，而且有一种很不确定的感觉。看起来，自己没有办法为自己做任何决定，一切都要靠另一个人，这就会让人很不安。

那么这种情况下如何获得满足呢？想要获得满足就会依赖另一个人，有可能会让对方不断地照顾自己，这时候当然会发展出一些想要跟对方建立关系的愿望，也会发展出促成这些欲望的能力。但是不管发展出什么样的能力，从根本上来说决定权并没有拿回来，总是不确定的，总是不能带给一个有自我意识的人真正的安全感。

在一元关系中，一个人的需要一般通过身体层面的生理需要来表达。到了二元关系阶段，当他发现其实是另一个人给他提供这些帮助时，生理性的满足慢慢会转化为对另一个人的需要的满足，实际上变成了一种情感关系的满足。这个时候在他心里，情感的需要比生理的需要更重要。当然吃东西的需要总是第一位的，否则你就不存在了。如果在心理层面上，情感需要的重要性明显大于生理需要，就进入二元关系了。而情感需要的满足是完全依赖另一个人的，这就使得这种满足感始终会伴随一种很不安全的感觉。为了获得更多的安全感，自我就要继续往前发展，进入三元关系。

进入三元关系，就是他想办法照顾自己，不再依赖那个给他情感照顾的人。即他不再依赖从一个具体的人身上获得满足。他能够找到一些那个人的替代品。从内在来说，我们称之为欲望的兑现；从外在的具体事物上来说，任何事物都可以成为替代品，比如说一栋房子、一辆车、一件衣服、一个包，甚至一个面包都可以。这些被符号化、被语言命名的东西，都可以成为早期给他提供满足感的那个人的替代品。这个时候他所需要的不再是情感满足，而变成了被符号化的欲望满足。这是一种替代性满足，替代品的种类很多，也随处可见，有比较便捷的方式去获得它们。如果一个人的需要总是依赖某一个人，那就比较麻烦，因为如果那个人不在眼前，他就无计可施了。

就满足感的程度而言，生理满足是最深的，情感满足要浅一点，替代性满足更浅。就获得满足的方式来说，三者依次越来越容易。而且从自我控制性上来说，由于自我控制感越来越强，因此能获得的自我确定感也越来越强，所以说这是一个人从小孩长成大人的过程。当你能够在现实社会中遵守某些社会规则并追逐欲望的时候，即你能够赚钱并用钱这种象征符号去换取各种各样的替代品的时候，你就成了一个社会化的成人。

在这个过程当中，两个节点容易出现心理问题。一个是从一元关系进入二元关系的时候，也就是从生理需要转化为情感需要的过程中；另一个是从情感需要转化为替代性需要的阶段，也就是从二元关系进入三元关系的过程中。

对于来访者，我们要界定他的咨询目标，判断他的问题大概处在哪个阶段。虽然关于阶段的界定不能特别绝对，可是哪一种比较主要还是能清晰看到的。如果你发现他是从一元关系到二元关系比较困难，那么你的锚定点就是帮助他分化出他的情感需要，让他能够把自己的生理需要慢慢地转化为情感需要。如果他的问题主要与从二元关系进入三元关系有关，那他就是过度依赖情感需要，没有办法去追逐欲望，没有办法让自己具有更多承担责任的能力，这时你就要帮助他去了解社会规则和融入社会，让他成为一个拥有社会身份的人。

当然这一切的最终指向都是帮助他适应社会，获得三元关系中的社会身份。

4 心理发展到三元状态还会退回一元状态吗

一个人的心理发展到三元状态后，会退回到一元状态吗？一个人在三元状态中，是否还需要情感上的依赖或融合需求？

一元状态、二元状态、三元状态，分别对应的是融合关系、依赖关系、利益交换关系。前文讲过，心理发展的这三个阶段并不是完全割裂的，也不是非此即彼、相互排斥的，它们往往是并存的，只不过在不同的阶段，一个人需要的侧重点不一样。

婴幼儿的需求，是对融合的需要。他希望通过别人对他的反应来确认自己的存在，他不断地需要被他人镜映。但这时候他心里并没有他人。他只通过别人给他的回应，确认他身体层面的内在感觉和感受。当感觉和感受累积到一定的程度，才会被拼接起来形成自我认同的雏形。这就是融合状态。

进入儿童阶段，他需要有自己的活动空间，也已经初步确认自己有别于他人的存在感。这时候，他希望获得的是安全上的保证，以及通过别人和他产生连接来确认他自己可以一直存在。因为有别于他人的存在感并不独立，他依赖于别人的存在而存在。这就是依赖状态。

过了青春期，他需要有相对独立的身份存在感。既然是独立，就是要独立于另一个人之外。这个时候，相对独立的身份其实是社会规则层面的一个符号。比如你是医生或教师，你是父亲或母亲，你是男人或女人，这些其实都属于社会符号。可见，真正意义上的相对独立的身份存在感，是与社会符号密切相关的存在感。这时候，在所有相对独立的个体之间维护彼此连接的其实是一种利益交换。这就是利益交换状态。

心理发展的三个阶段并不完全独立存在。也就是说你在三元状态的时候，依然还会残留有二元状态的依赖需求，以及一元状态的融合需要。

换句话说，一元状态需要的满足感最强烈，但是因为满足感无法持续，也没有办法获得确定，便慢慢地发展为对一个相对稳定的个体的需要。

当然，这种稳定性还是会有变化，因为你锁定的是一个个体，个体本身就会有变化，所以确定感还是不足。为了强化你的确定感，于是又慢慢从锁定一个人切换到锁定所有人都需要遵守的社会规则。

当然，确定感越强烈，个体的满足感就越低。一个人的心理发展到了三元状态后，一元状态、二元状态的需要一直是存在的，只是大多数满足感的来源应该都锁定在三元状态，少部分满足感需要回到二元状态或一元状态。

5 什么是社会语言体系

社会语言体系（也称社会规则体系）到底是什么呢？

人的心理发展需要经历三个阶段。第三个阶段就是社会语言体系的象征所在。具体来说，社会规则是指你明确了解到的那些，比如法律法规、社会规则以及社会伦理等，是非常具体化的。但不管是法律法规，还是社会伦理，都是通过语言来加以表述、表征的。换句话说，整个语言体系就是为了让人从中产生与身份有关的存在感，并找到一个相关的位置。总之，可以用语言表征或表达的一切，都是社会语言体系。

由此你会看到，但凡跟语言相关的部分都会彰显出一个人进入社会规则的程度。具体来说，这个人懂不懂社会规则，是否能够适应社会环境，在现实中是否能获得一些社会成就等，从这些方面都可以看出他是否能很好地进入社会语言体系。

在咨询中，那些无法用言语表达清楚自己状态的人，其社会适应能力往往没有得到很好的发展，是有欠缺的。

比如一个人想要表达自己的需要，但他不知道自己要什么，意味着他某些心理层面上的需求无法被言语化，他说不出自己的需要到底是什么。

你说不出自己的需要，就是意识不到你到底需要什么。在感知层面和认知层面，也就是你不知道自己想要什么。这会导致你进入社会语言体系的时候没有方向，没有明确的目标。比起那些有明确目标的人，你的竞争力自然就下降了，自然就难以和他们相比。虽然你跟他们同处于社会规则体系中，但那些人相对容易找到固定自己身份的位置，而你却很难。

在多大程度上用言语表达自己具有实际意义？无法用语言清晰表述事件、表达需求的人，意味着他在现实世界中的适应能力也很有限。比如从症状层面来讲，那些比较容易赘述，或者经常有口吃状态的人，他们的社会适应能力也会有问题。他们进入社会语言体系，可能就存在困难，难以成功。

6　咨询技术的指导性原则

在咨询的过程中，会遇到各种各样的情况，针对各种不同的具体情况，在操作层面、咨询技术上，有不同的指导性原则，我们应该如何把握这些不同的操作技术？

来访者有各种具体的情况，他的改变依赖咨询师的影响力，跟咨询师的状态有关。在操作层面，也有不同的技术。

我们要对来访者的状态进行基本判定和区分。前文讲过，来访者可分成三种状态，或者说三个阶段。

第一种，我们把它称为融合状态（共生状态），就是一元状态。如果处在这种阶段，对于来访者来说，他就像是一个婴儿，没有"别人"的概念，只有他自己。处于这种状态，通常是因为早年受忽视，或者被占据导致的结果。

在这种情况下，来访者没有独立的存在感，他是被别人占据的，他的很多感觉其实都是别人的。为了让他能够发展，就要让他获得属于他自己的感觉。这时候，在技术层面上，我们要更多地给他一些镜映。咨询师就好像是一面有温度的镜子，给来访者反应，让他感觉到他在哪里。

镜映不是面质，它一般带有容纳性，也带有一些支持性，目的是让来访者能够感觉到自己的存在。这个时候一定还要让他感觉到自己是怎样的一种存在，让他能够跟那些占据他的感觉慢慢地分离。在一元阶段，我们对来访者使用的各种各样的技术，原则上来说可统称为镜映技术。

过了这个阶段就会进入二元状态，这个阶段的来访者在一定程度上比较依赖关系，心理发展开始进入一种愿意跟别人建立情感关系的状态。这个时候，在关系层面上不再是融合或占据，更多的是一种依赖关系——就好像是幼儿对父母亲的依赖状态，主要是对母亲的身份、位置有一种依赖。如果在早年养育过程中这个阶段受损了，他在面对别人的时候就不具有信任感，很难建立起稳定深入的情感连接。

在咨询过程中，你需要对他给出充分的情感回应。这种情感回应不是说只要你在那里，而是说你要给他细致的不同类型的情感反应，比如喜、怒、哀、乐等，只要是他引发的你心里产生的情感，都要适当地给他一些反应，让他了解他的某一刻带给了别人什么感觉，也让他明白某些时刻他心里的感觉到底是如何被命名的。也就是说，你不仅要让来访者感觉到他自己的存在，还要让他感觉到他自己在那一刻是怎样的。

随着发展，来访者会进入到三元状态，这时候他开始能够摆脱依赖，尝试进入社会规则层面，学习与他人的竞争。只是可能方向不清晰、不明确，社会身份的确定感不够，或者不清晰。这个时候，他要学习的是如何努力地适应社会环境，进入社会规则。我们需要给他的不只是情感回应，更多的应该是相对明确和清晰的方向，带有引领性和指导性。

这与镜映和情感回应有区别，会有更多的指导性，但并不是要去控制他。咨询师之所以能够给他指导，是因为他关于自己到底是谁，关于自己感受性的存在感已经相对确定，咨询师只需要帮助他带着这些感受进入一个社会身份中去。这只是给他引导，帮他明确方向，并不构成一种占据。

对处于这三个不同的心理发展阶段的来访者，我们需要运用的咨询技术在原则上还是有点不一样的。简单来看：一元阶段对应的咨询技术是镜映，二元阶段对应的咨询技术是情感回应，三元阶段对应的咨询技术类似于原则指导或者规则引导。但是，在具体面对一个来访者的时候，他的身上可能会同时存在这三个阶段，只是每部分的程度不同，或者在某一次咨询中，重点部分不一样。

当一个人开始处理他的三元阶段的问题，并不是说他的一元阶段跟二元阶段就完全没有问题，只是可能问题不太大。某一个阶段的问题，对某一个来访者来说，在一个特定的咨询过程当中是最重要的，所以我们才把他的状态按三种阶段来界定。然而我们也要知道，一个人在活着的时候，在存在的过程当中，他这三个部分始终是并存的，并不是完全割裂的。

7　咨访关系的本质是什么

在心理咨询的过程中，很多咨询师都会觉得他们能给来访者提供不少包容、支持甚至情感上的连接。这种包容性，包括情感连接式的反应所建立的情感关系，都是咨访关系的显现或者工作内容的一部分。那如何界定咨访关系呢？

咨访关系从本质上来说，是社会身份所赋予的一种相互关系，即一种社会关系。换句话说，它是一种在规则层面上的关系，那为什么看起来提供了很多情感反应呢？

一个具有社会身份的人，主要的关系是在规则层面上的交换关系，是不带有情感色彩的。作为一个人，具有三个部分，一个是社会身份，一个是情感状态——在情感关系中的位置，还有一个是生理状态。

一元、二元、三元这三种状态分别对应融合性的关系、依赖性的关系和交换性的、相对独立的关系。能够进入相对独立的状态，能够使用规则层面的交换关系与他人相处，是成人的标志。

就一个人来说，他这三种状态是并存的。关系在不同状态中给人的感觉是略有不同的，在趋向一元关系的地方，给人的是一种真实感，但是不能给人确定感、身份感。人如果盲目地陷在一元或者二元关系中，是很难获得存在的价值感、意义感的。价值感总是存在于三元关系中，存在于规则层面当中，跟一个人的社会身份有关系。

一个人要追逐他的社会身份，然后让这个社会身份变得相对确定，他就能拥有相对确定的自我价值感以及存在的意义感，才能成为一个成人。但是，自我价值感和意义感在很大程度上是通过放弃一些情感上的需求以及被占据和融合的强烈存在感来实现的。存在感是与生俱来的，但是没有身份，没有个体性。当然，存在感并不等于自我存在感。

自我存在感一定与社会身份相关，是一个人作为社会化的人时，社会属性当中具有的一种存在感觉，不是在特别自然的状态下，不是作为自然人感觉到自己的存在。自然人在那个地方确实存在着，也能够衍生出很多生动性，但是不会感觉到自己的存在，也没有个体性的感觉和自我身份的感觉。

就像一个婴儿在那里，身体上出现种种感觉，一会儿这种感觉，一会儿那种感觉，每种感觉都很生动，可是这些感觉时刻在变化，婴儿无法控制它们，所以无法产生确定感。

从一元关系到三元关系的发展过程中，一个人获得的确定感越来越多，但代价是失去一部分真实感。因为社会化是符号化的过程，也是象征化的过程，在这个过程中真实感会降低。

对于一个人来说，要先获得确定感，才能让自己的真实感有放置的地方。确定感跟身份有关，身份的比例很重要，我们说一般最少要能占整个存在状态的50%。也就是说，你放置在社会规则层面上的需要必须大于50%，在情感层面和在融合状态中的需要不能超过50%，这样你才能稳稳站立在一个地方，不摇摆。

如果你的情感需要和融合性需要加起来大于你在社会规则上的需要，你在社会规则上的站立点就小于50%，这就会产生重心偏移，导致立足不稳，易于陷落二元关系或者一元关系中，失去社会身份以及相关的价值感和意义感。

在这种情况下来看咨访关系，就是社会化的关系。咨询师和来访者之间建立关系，虽然有很多情感交流，但是本质上应该是一种交换关系。来访者付费，咨询师收费，这是一种交换，交换的比例在双方的需求当中必须占50%以上，这样双方的关系才能被固定在咨访框架中。

如果双方在情感层面的需要和在融合状态中的需要超过了在社会规则层面的需要，彼此就会慢慢在情感层面上建立更多的关系，而无视社会规则。这种咨访关系肯定不能持续，会慢慢突破设置，甚至双方都会陷落在彼此相互融合的感觉当中，索性连个体性都消融掉。

咨访关系中固然有情感成分，但满足这些情感需要的出发点，都是把它们往社会关系上转化，而不只是单纯地获取情感满足。如果沉溺在情感当中，丧失了社会身份，咨访关系就不存在了。

8　如何进行心理咨询工作

所有心理咨询首先要弄清楚和解决的就是关于"我是谁"的问题，即帮助一个人弄明白他是谁。

从形式上来看很简单，心理咨询是通过言语去帮助一个人，而不是通过行为。心理咨询师通过跟来访者进行谈话来帮助他弄清楚自己的身份，弄清楚自己的内在感觉，让来访者能够获得确定的存在感。谈话只是一种形式，作为咨询师，通过话语的内容，了解和传达的是其内心感受到的关于来访者的方方面面。

通俗来讲，心理咨询就是把咨询师看到的关于来访者的状态和模样告诉来访者，让他通过你了解自己到底是怎样的一个人。

通常一个人想要了解"我是谁"，其实是通过别人的眼光和反应来获得的。如果一个人独自在一个地方，没有任何人给他反应，他是无法获得关于"我是谁"的印象的，也没有办法获得确定感。很多心理问题之所以产生，是因为人在成长的过程中，由于种种原因在需要获得别人恰当反应的时候错失了机会，在形成"我是谁"的感觉上有了大大小小的缺口。心理咨询就是要弥补这些缺口。

一个人看待自己的时候或多或少都会有一些盲点，这些盲点虽然自己看不见，但并不代表不存在。如果没有及时得到他人的反馈，就难以知道自己的全部状态，不能对自己形成清晰的认知，不能形成关于"我是谁"的印象，心理问题就出现了。而心理问题对现实的影响是在一定程度上演变成对环境的适应问题，或者处理现实问题的能力障碍等。

咨询师其实是通过自己的心智化功能帮助来访者了解自己的状态。直白地说，作为咨询师，你应该告诉对方他是谁。虽然看起来你所启用的语言只是一种形式，但是你真正使用的是你的心理功能和心理能力。

用一个比喻来讲，咨询师就好像一个摄影师，他去拍摄一个人各种状态的照片，让这个人看到照片时能够知道自己是谁。摄影师要借助光影去传达自己心里感受到的、捕获到的那些有意义和有价值的东西，而不仅仅只是拍照。

照片上的内容可能是来访者表面上向你呈现出的样子、跟你讲述的内容。你要提炼这些，然后通过语言表达出来。但这样的反应并不容易，因为你很可能会掺杂一些自己的态度和情感。这使得你不仅仅是一个照相机，而是一个摄影师。

如果你不能使用你的心理功能，只是单纯地去重复别人说过的话，告诉别人你看到的东西，那你就更像是照相机而不是摄影师。

作为心理咨询师，你要用自己的内在和心理功能对来访者做出反应，让他知道自己的状态，从而帮助他了解他自己是谁。这有一个前提，就是你要知道自己是谁。如果你也是一个茫然的、片段的、不清楚自己状态的人，那你就给不出合适的反应。你能听到别人的声音和说的内容，却没有办法让这些内容变得有意义。

9　为什么咨询师付出很多，咨询却不见成效

身为咨询师，你会发现，虽然有时你付出很多想帮助来访者，却无能为力。因为你没有意识到问题出在自身。

我以前在医疗系统中感觉到很多约束，觉得不自在。一开始我归因于制度不合理、人际纠纷太复杂等。后来我意识到这些阻碍都是自己内心制造出来的，如果我一直归因于外在，我就会陷入无力状态，这种情况下，我是无法帮到来访者的。

因为在系统中，我想成为专家，成为专家我就会被别人信任，就能更好地帮助来访者。当我这样想时，我就会责备系统为什么不提供更多的支持，让我更快地成为专家——获得名利。后来我发现，真正制约我的不是系统，不是外在的因素，而是我对自己的不确定。如果要用专家的名头来建立确定感，这个空缺是很难被真正填补的。

当一个人看到自身的不确定，并且接受它，就不会再去强求外在的虚名。做到这一点，自己就会很坦然，就不会再关心别人怎么看你。成为专家并不能影响来访者，真正影响来访者的是咨询师是否对自

身有确定感。

明白了这一点,我就开始深入地探究自己,也包括探究来自我父母的影响。

母亲是个很传统的女性,节俭、忍耐,很会照顾别人,几乎不为自己争取什么。她对我很温和,甚至有溺爱的成分。我去镇上后,每周见她一次,交流的机会减少了很多,但她对我的影响依然存在,比如说我比较能忍,所以我更多是选择自己一个人去观察,去承受。这让我不太喜欢表达,相对喜欢去体会别人。

这种特质,让我在工作中能更好地理解别人。这种特质也让我形成了不是很兴奋、不是很热情的风格。

那么父亲呢?关于父亲,我小时感觉父亲的形象还是蛮高大的。整个中小学时代,主要是父亲照顾我,他对我学习上有期待,但不是特别严厉那种。父亲很好学,但因为家里太穷,没有很多读书的机会,觉得特别遗憾,再加上那时城乡差别很大,所以就希望我能好好读书,离开农村。虽然父母的期望会成为孩子的压力源,但父亲对我的期待源于当时的整个环境,他有这样的期待也是很正常的。

看到父母留在我心里的印记,我忽然意识到,几乎所有成长过程中的影响,都是一种文化影响。所以,咨询师要成为文化觉察的先行者,要看到文化对人内心的影响。咨询师如果对文化始终视而不见,那就太狭隘了;如果只关注情绪,只关注内在,那就是只对一个人做咨询。如果咨询师能看到文化的影响,就能通过面前的一个人和整个系统进行对话,这时咨询师就能跳出限制,跳出无能为力的怪圈,真正帮到来访者。

10 来访者真正的问题是什么

咨询师需要评估来访者是否真正了解自己的问题。那么,什么是真正意义上的问题呢?真正意义上的问题,是不是可以理解为导致现实困境的潜意识所在?

所谓真正意义上的问题,是指来访者当前的真实处境或真实状态。问题其实是指一种困境,简单来说就是一种不自由的状态——来访者无法按照他的意愿来达到自己的目的,或者达成他自己的状态变化。他达不到目的的最根本原因是他不清楚自己眼下到底是一种什么样的状态,以致他无法移动。

所以,咨询师要帮助来访者了解他当前的真实状态。

当然,这听起来很简单,但来访者来咨询往往就是因为难以承受面对真实状态的痛苦,他想回避,不愿意面对。所以即便咨询师看见了他的真实处境,告诉他真实情况,他也不愿意接受。

咨询工作的一个阶段性目标,就是咨询师要消除来访者不愿意看见自己真实处境的障碍。障碍消除后,才有可能让他接受他的真实处境。

他只有接受了自己的真实处境,才能根据自己的意愿做决定和选择。当然,他不一定非得选择改变,他也可以不改变。他能根据自己的意愿做决定,不管结果怎么样,他都可以不违背自己的意志。

如果他不清楚自己的状态的话,其实就无从做决定,或者他所做的决定都是建立在对自己真实处境的错误认识上。这样做出来的决定肯定是不符合他内心的意愿的。再次强调,当下的真实处境就是所谓的问题。明白了这一点,问题自然就不是问题了。

那么,咨询师能否明白来访者的问题呢?其实来访者是没有办法掩饰自己的问题的,因为任何掩饰都构成防御,咨询师可以从来访者的防御中看到他真实的状态。

但是在实际情况中,咨询师也可能有自己的防御,也有自己不愿意面对的种种内心感受,比如恐惧、紧张等。如果你是这种情况,有不愿面对的痛苦体验,在面对同样有防御心理的来访者时,你需要先放下自己心里的防御,才能帮助来访者看清楚他的真实处境和状态。

11 工作联盟与治疗框架分别是什么

前文提到,心理咨询要帮助来访者找到存在感,在此之前,咨询师要明确自己的身份,才能帮助来访者弄清楚他到底是谁。弄不清楚自己是谁,是所有心理问题产生的源点,咨询师要通过讲述,与来访者进行交流、沟通,引导来访者弄清楚"我是谁"。

弄清楚了心理咨询师要做什么、如何去做以及用什么形式去做,接下来的问题就是在哪里做。

可能有人会说,不就是咨询室嘛。没错,我们在一个特定的场所——咨询室当中去做咨询,并不是很随意地在路边或者在餐馆等地方,这样可以避免很多干扰。但是这不是最重要的,这只是外在的场所,更重要的是内在的场所。内在的场所是由心理咨询师的语言叙述构建的,通过内在场所可以让来访者明白心理咨询师心底对他的印象,明白自己是谁。

内在场所其实是指一种关系,是心理咨询师与来访者之间的关系。彼此之间的信任是建立这种关系的基础,继而才能结成治疗联盟。这是心理咨询工作的一种特殊关系。为了保证这种关系可以建立起来，心理咨询师要遵守一些规则，这些规则被称为治疗框架，或是治疗设置。

这种关系既普通又特殊。说它普通，是因为它其实跟任何两个人之间的关系类似：都是情感之间的关系、感觉之间的关系，以及理性之间的关系三者的合一。说它特殊，是因为它是有目的、有针对性的，相对来说是不介入太多现实关系的。除了帮助来访者弄清楚"我是谁"这一点，咨询师在现实层面上不与来访者产生任何有利益来往的关系。这是为了保证关系的纯粹性，只有这样才能够有利于咨询有序地开展。

内、外两种场所，外在场所指咨询室，是一个现实的空间；内在场所指咨询师与来访者两个人之间的关系——两个人相互之间在感觉层面产生的体验构成的关系。比如，你看到一个人，对他产生好感，或者对他产生厌恶的情绪，当任何一种感觉产生的时候，你们之间也就产生了关系。整个咨询工作就是通过弄清楚双方在关系当中所产生的内在的与情感有关的体验来完成的。

所以，咨询的实质在某种意义上就是弄清楚在关系当中相互之间产生的内在感受。这些感受构成了对彼此的印象，比如我对你产生什么样的印象，其实是根据你带给我的感受形成的，把你带给我的感受整合起来就形成了对你的印象。很多时候一个人对于自己并不清楚，是需要通过别人描述对自己的印象才了解自己的。这通常是一个人形成自我印象的途径。

如果一个人小时候，父母给他的反应不确切，或者有偏差，他形成的自我印象就会产生偏差。长大后，他在别人的心里留下的印象又是另一种样子,这就会导致他在现实当中产生混乱,出现种种心理问题。这时候就需要心理咨询师帮助他把这种偏差矫正过来,具体的方法是建立内在关系,让他重新看到自己带给别人的感觉。

12　每次治疗前要做什么

每一次心理咨询开始之前,我们到底要做怎样的准备?要想弄清楚这一点,我们首先得明白,心理咨询不管是一周只做一次,还是连续性地每周四五次,其实性质都是一样的:每一次咨询构成了一个连续的过程。这就需要我们在做咨询的时候,心里面至少要有这样连续性的感觉。

从这个意义上来说,咨询师每次做咨询之前,都需要在自己心里面做一个连接。这个连接就是在这一次咨询的时候,让来访者的感觉能够跟上一次咨询连贯起来。要做到这一点,咨询师自己的内在感觉就需要回到上一次咨询结束时的状态。可以说,每一次咨询的开始跟上一次咨询的结束是相互关联在一起的,每一次咨询的开始跟结束也因此变得很重要。只有把这一次一次的开始跟结束都关联起来,整个咨询历程才会构成连续不断的过程。

这种连续并不是说在内容上一定要有连贯性的衔接。比如上一次讨论了一个问题,这一次是不是还是从这个问题开始?这是完全没有必要的。这种连续更多的是指你能够在下一次咨询开始的时候让自己的整个状态再次回到比较接近上次感觉的地步。你跟这个人不管是通过讨论问题也好，还是通过倾听他的故事也好，在这个过程当中，你是不是能够回到上一次咨询结束时的感觉，比如，你突然心里对来访者产生一种很强烈的同情，或者他让你产生了一种隐隐约约的无助，那么这种感觉就很重要。如果你每次都能回到上次咨询结束时的感觉，那么就比较容易让整个咨询一次又一次地连续下去，你也能轻而易举地观察到来访者每次咨询结束时，他心里相对于上一次咨询，到底是有了进一步的觉察和认识，还是有了很多回避。

要做到这一点需要做两项工作。第一项是你要清空你自己。因为咨询结束之后，你有自己的生活，也会经历各种事情，这些事情会对你产生很多影响。在做咨询之前，首先要给自己留一个空白的时间段，让自己可以把生活当中其他与咨询无关的东西，情绪也好、想法也好、感觉也好，都清空一下，这样你才更容易找到上一次咨询的状态。当然，你翻阅上一次的咨询记录，也比较容易连接到你自己当时的状态。

第二项是你要用自己的状态做准备和迎接。当来访者到你这里的时候，他的状态如果跟你匹配，他就容易衔接上自己上一次的状态。他如果已经逃得很远了，这个时候他也能从你这里找到一个参照——一个可以让他回归的路标，他会想起来上一次在这里的状态，不管他愿不愿意，他都会在这个基础上产生各种反应。这些反应可以让你对他有更深入的理解。

你这么做了以后，也会帮助这个来访者。他也能在每一次来做咨询之前，或者在咨询结束之后，让自己不断形成连贯性的感觉。这样的话，他在生活当中不断受到别人影响的支离破碎的状态就会慢慢地被规整、统合起来。

13 你能根据目前的问题做出诊断吗

关于诊断,有这样一个问题:当来访者找到你,告诉你想要解决的问题之后,你能否根据他的主诉,形成对他的诊断?那么,判定他到底是什么问题,在心理学上可以被界定为什么样的诊断,这是否很重要?

从某种意义上来说,迅速获得一个诊断其实没有那么重要。第一,心理咨询的目标其实是帮助一个人发生一些改变。换句话说,心理咨询并不致力于去找到与这个人无关的某一个问题,也并不尝试把一个人变成某一个问题去加以解决——这不是心理咨询的理念和思路,更像是医学的思路。我们知道,你到医院去看病,对医生来说,他主要是找出你有什么病,他需要一个非常明确的诊断,而且要尽快获得诊断,然后才能够有针对性地给予治疗。医生其实并不太关注你是一个什么样的人,他看重的是你身体出了什么问题。

与此相反,心理咨询其实非常重视你是一个什么样的人,而并不那么重视你有什么问题。问题,只是你作为一个人外显出来的部分,从这个意义上来说，诊断就没有那么重要。诊断，只不过是你了解对方是一个什么样的人以后，为了表达所形成的一套概念体系。如果没有这一套概念体系，虽然你明白对方是怎样一个人，你却没有办法将你对他的了解用语言描述出来。这就是诊断的意义。其实更重要的是，你内在的感觉当中有没有形成对方是一个什么样的人的印象，这才是最根本的。

诊断，分成外在和内在两个部分。外在是跟现实有关的部分，是符合心理学评估体系的一个诊断。内在部分是从咨询师的感受系统出发形成的诊断。在你的跟感受有关的经验系统当中，你能否获得来访者是何种状态的整体印象，这其实也是一个诊断。来访者是一个什么样的人，我们把这个看成是一个重要诊断，而不是把通过心理学的概念所形成的概念化定义看成是重要诊断。比如说他有抑郁症，他有边缘性人格障碍，他有焦虑症，这些当然都有标准，可是这样的诊断，我们并不认为在咨询当中有那么重要。

问题的重要性在于，你做咨询的时候是倾向于把对方看成一个人去促进他加以改变，还是倾向于把对方看成一个问题去加以解决。如果把他看成一个待解决的问题，那在某种意义上来说并不符合心理咨询的原则。我们是要去概念化的，或者说去问题化的，慢慢把对方提出的问题消解掉，把问题还原到"他是一个什么样的人"的体系当中去。当你能做到这一点的时候，你的咨询就很有进展了。

如果来访者来找你，告诉你一个问题，你很难把这个问题连接或者还原进你内心关于他的状态、他是一个什么样的人，那就意味着在某种意义上这个人被异化了——被异化成一个问题了。即使你去解决这个问题，你依然没有办法帮助这个人获得"我是谁"的主体感，这样咨询就失败了。

　　诊断是一体两面的，如果作为初级咨询师的你能够获得一个概念化的诊断，虽然它不是那么重要，但是有利于让你自己获得一种确定感。你自己的状态变得比较稳定，来访者能够有一个参照，这是有意义的。

14 交替使用支持性和解释性技术

相信很多人都有这样的困惑：在心理咨询的过程中，我们到底应该如何使用支持性技术和解释性技术？换句话说，我们对一个来访者到底是多采用包容的态度，还是使用相对有点距离的面质的态度。当然这两者可能会同时使用，只是在哪些时候选择以哪种为主，这是一个需要考虑的问题。其实这是根据来访者的状态决定的。

包容性技术或者支持性技术，就是能和来访者达到共情的状态，能够给来访者很温暖的感觉，给他支持。这种技术的意义是帮助一个人获得一种被接受的感觉。这种被接受的感觉有利于他获得确定感，让他慢慢地获得确定的自我身份，继而获得对自我的认同。

如果来访者处于心理年龄发展阶段比较早期的状态，对自己的身份不够确定，还没有形成相对稳定的自我身份认同，那么在咨询的时候，我们多使用包容、支持性技术，可以帮助他慢慢确定他的身份，也就是说，可以帮助他在三元世界或社会规则体系中获得一个属于他的身份。

如果采用面质，或者解释性技术对他说一些理性的话，他可能就无法理解，也没有办法接受，因为他还没有形成一个明确的社会身份，没有在社会规则中获得属于他的位置。理解能力、接受能力，这些跟语言相关的能力都是在进入社会语言体系之后才能够加以应用的。如果一个人没有完全进入社会规则体系，那他对于语言的理解能力就会有一些欠缺。对于一个没有完全进入社会规则体系的人，你如果过度使用解释性技术，也就是过多地使用语言而非情感反应支持的话，他就不能完全理解。

简单来说，如果来访者心理年龄较小，你就需要多使用一些支持性的技术。如果来访者已经进入社会规则，也拥有一定的社会身份，在社会规则当中有确定感，你是可以使用解释性的技术的；这时候如果过多地使用支持性技术，反而可能导致他过度退行，退回到孩子的状态。

当然，在临床应用时，这两者肯定是同时使用、交替进行的。以哪种为主，取决于来访者心智化的发展程度。他越偏向于成人状态，便越可使用解释性技术；他越偏向于孩子的状态，那可能就需要多使用支持性技术，这个度是因人而异的。

因人而异不仅仅是指根据来访者的需要而定，也指根据咨询师自身的状态来定。你的治疗风格是偏向于支持、包容的，也就是说你愿意去推动、鼓励一些心理年龄比较小的类似于孩子状态的人慢慢地变成大人、发展自己，那你可能习惯于更多地使用支持性技术，你是一个风格比较温暖的咨询师。如果你的咨询导向是更愿意帮助已经进入社会规则体系的人更好地使用社会规则，或者更好地融入社会规则，你就会更多地使用解释性技术或者面质性技术。那么，你的咨询风格可能就不是特别温暖，而你的咨询对象久而久之自然也会是与前一种风格的咨询对象不一样的人群。支持性技术和解释性技术，它们的使用对象其实并不完全一样，这是咨访双方共同选择的结果。

15　是做"容器",还是提供足够的"抱持性环境"

心理咨询需要解决一系列的具体问题。在探讨这些具体问题之前,我们来重申一下心理咨询的工作方式。

简单来说,心理咨询的工作方式无非一个字——"听",听完之后,可能就有结果性的反应——"说"。但是到底应该怎么"听"呢?听什么?这是心理咨询师做任何咨询、解决任何问题的时候都要学会的。

很多精神分析师曾经对"听"有过一系列的描述和界定,他们用了很多的概念,最有名的可能就是在客体关系理论中的"容器"概念,或者叫作"支持性的倾听"。容器其实就说出了"听"的意,"听"涵盖两部分的功能,也就是说通过倾听来访者的叙述,咨询师需要完成两件事情。

第一件事情,咨询师首先要有接受的态度,听明白对方到底想要说什么。听明白了以后,咨询师自然就会捕捉到一种意,获得一种理解,再把理解反馈回去。

那么如何才能够听明白对方所说的呢？首先要弄清楚我们要听什么。很多咨询师可能想当然地认为，就是要听来访者说的那些内容，比如一些事件、一些经历等。这些当然是需要我们去听的，否则我们就无处捕捉任何信息。但这只是第一层面的内容，我们把它称为咨询当中所了解的内容。

除了来访者诉说的内容之外，更重要的一个倾听聚焦点应该是在历程上。所谓的历程，就是指来访者给你讲述很多内容的过程当中，他的状态是怎么样的，以及他跟你之间产生了怎样的关系。在来访者讲述的过程当中，来访者跟咨询师之间的感受性的互动是最真实的，可以帮助咨询师透彻地去了解来访者到底处在什么状态、存在什么问题。因为从根本上来讲，来访者来找咨询师是想解决问题的，事实上，他并不清楚他的问题到底在哪里，他讲出来的是跟现实有关的问题的描述，但并不是他所遇到的问题的本质。因为任何人如果能够了解到一个问题的本质，那他自然就可以自己想办法去解决它。

之所以会出现困境，就是因为一个人处在不明白自己到底面临怎样的问题的状态里，找不到出路。你不明白问题是什么，所以就无从思考应对方案。你以为知道自己的问题，但你看到的只是现实问题。虽然现实问题是内心问题的折射，是内心问题的外显，但如果停留在现实层面解决外显的问题，那问题就会像波浪一样，一波刚平一波又起，永远解决不完。内心在困境中不断地发出信号，在现实当中就会产生一个又一个的问题，所以解决掉一个现实问题，就会再出现另一个现实问题。来访者内在的问题没有被触及，意味着在咨询当中咨询师没有听见来访者到底在说什么。

由此可见,"听"很重要。我们如何才能听到来访者内心的声音,我们怎么弄清楚连他自己都不明白的那些问题?那就是通过我们刚刚所说的第二件事情:历程倾听。

你怎么知道自己听到了呢?其实有一个标志,对于咨询师来说,当听完来访者的叙述之后,你比较平静,心里感觉比较流畅,并没有一种被堵住的感觉,也没有一种好像什么地方断开的感觉,你的感觉处在一种流动和连贯的状态中,并且获得了某种理解,即抓住了某种意,你就听到了来访者所说的。

但如果你针对他所说的内容运用了很多思考,虽然你思考出了一个结果,事实上你感觉心里有个地方是凝滞的,这种情况就不叫听到了来访者所说的。

16 使用药物的时机

在心理咨询的过程当中，我们经常会碰到关于服药的问题。很多来做咨询的来访者，可能到医院去看过病，甚至正在服药。特别是焦虑、抑郁这类情况。

那么这个问题该怎么处理？或者说，在咨询过程中，来访者一开始的情绪还好，后来发生了一些变化，甚至出现了很低落、有一些抑郁的情况，这种情况下，到底要不要服药？我们要先界定清楚一件事情，咨询师不是医生，我们是没有权利让来访者服药的，我们没有处方权。我们不需要弄清楚来访者到底应该吃什么药，也不需要非常精确地知道他的症状到了什么程度。这些事情都应该是医生去判定跟处理的。

咨询师需要了解的事情是什么呢？就是关于药物的意义，特别是关于使用药物在心理咨询过程当中对来访者的意义是什么。至于要不要服药，一方面由医生决定，另外一方面由来访者自己决定。你要弄清楚一件事情，就是给来访者做咨询是有一个前提的，即来访者对自己具有行为责任能力、有决定权。你不能给一个没有权利或者没有能力决定自己可以做什么、不可以做什么的人做咨询。当然，儿童例外，由父母监护。

服药不服药的决定权在来访者自己，不在咨询师。那么，服药不服药对于来访者的心理意义是什么？这要从药物治疗和心理治疗的区别说起。简单来说，药物治疗就是一个人去医院看病，医生开药治病，也就是说，医生把这个人当成病人，为他治病，并不是促进这个人去改变。在某种意义上，病人是没有决定权的，决定权在医生那里。换句话说，病人把自己交给医生了，得听医生的，不能跟医生争辩和讨论病应该怎么治，话语权完全在医生那里。

做咨询时恰恰不是这样，很多时候咨询师只是告诉来访者，他的状态是怎样的，他在咨询师眼中是什么情况，他给咨询师的感觉是什么。决定权依然在来访者这里。来访者是一个人，而没有变成一个病人，他的话语权跟咨询师是平等的，他与咨询师之间更多的是合作关系。

从是否拥有话语权这一点上来说，其实反映了一个问题：你还能不能对自己负责。换句话说，如果你去看病，无形中你就放弃了可以对自己负责的权利。因为在那一刻，你的权利交给了医生。但是面对咨询师，你是保留承担自己责任的权利的，没有把它交给咨询师。

服药和不服药，在心理层面上反映出一个人的这些情况：他还愿不愿意由自己来承担属于自己的责任。进行心理咨询只是把发生在自己身上的某一个问题交付到社会体系中去，并不是彻底地把自己交给社会。

相对说来，把问题交给别人，自己不需要承担责任，当然也会轻松一些，但是会不自由，因为一切就由别人决定了。而自己决定自己的去留、自己的好坏，承担自己的问题，这会比较累，但好处是有自由，因为你的事情你说了算，别人不能够替你做决定。这是两种截然不同的途径。药物在此就是一个象征，吃药与不吃药给了我们一个信息、一个提示：在那种情况下，来访者还愿不愿意自己承担责任。这当然也需要咨询师评估来访者还有没有能力为自己承担责任。如果他实在没有能力，那他当然应该去医院接受治疗，这是必要的。以上只针对所谓的与心理相关的问题而言。

17　要使用药物治疗抑郁症吗

　　如果在咨询过程当中，你发现来访者的情绪状态非常低落，慢慢地演变成了抑郁的状态，甚至到了可以被诊断为抑郁症的程度，这个时候，应该如何去治疗他呢？到底是使用药物去治疗，还是继续设法找到抑郁症背后的心理根源？这两者是否矛盾？药物治疗是为了改善症状，找到抑郁症的心理根源是为了彻底解决问题，两者殊途同归，但也存在一些隐性的矛盾。前文提过，当医生使用药物治疗所谓抑郁症的时候，是把病人当成一个问题来对待的，并不是把他当成一个人，去推动他加以改变。

　　就具体方法而言，药物治疗其实是剥夺了病人的话语权。药物治疗或许有助于他的情绪改善，但不能让他恢复到真正可以重新替自己做决定的状态。很多人通过药物治疗，情绪确实好转了，但一停药，情绪又不好了。换句话说，服药之后，当他试图想要摆脱药物重新自己做决定的时候，往往不那么容易成功。因为他回到所谓的好一点的状态中，是借助了外在社会系统的力量，也就是医疗的力量。

这种情况下，他没有付出，没有做过真正意义上的自我努力，所能产生的改变就不能真正为他所有。

如果要找心理根源，就要使用心理咨询。这个过程不能依赖外在的力量，而是要靠内在的力量，要付出很多内在的辛苦和努力。

来访者自己内在付出努力以后慢慢达成的变化，并不是消除症状，而是他的状态从根本上发生变化。比如说从一种无力、无助的状态，慢慢地可以自己去寻找资源，然后增强自己的"力气"，发展出解决问题的能力。一旦有了这种能力，即使再次陷入无助的状态，他也能够靠自己调整状态。但是如果通过药物让他那种很无力的感觉减少，虽然他一下子看起来好像又有力气了，实际上内在的力气并没有增长。这是有区别的。

那么到底要如何治疗抑郁症患者呢？我们说过，很重要的一点在于他的内在意愿。如果他的内在意愿很强，我们更倾向于找寻他患抑郁症的内在心理根源。如果他的内在意愿不强——他不愿意自己靠自己，希望借助外界的力量，这个时候就倾向于使用药物治疗。

到底要进行药物治疗还是进行心理治疗，决定权在来访者，不在咨询师。当然，有时候来访者可能会提出这样的要求：既想通过药物治疗改善情绪，也想弄清楚自己是怎么回事。但这是无法实现的。一个人一旦决定通过药物治疗来改善情绪，即便他说"我依然愿意弄清楚我的原因"，虽然在意识层面上他是这么想的，但是从内在的动机和体验上，其实他已经放弃了真正为自己改变。

那么，服药的同时进行心理咨询或者心理治疗可不可以呢？当然可以。但是这个时候的咨询，不是完全指向促进他去改变，这种情况下促进他改变的成分会很少，更多的意义可能只是支持。如果来访者不服药做咨询，那咨询师就要尽自己最大可能去促进他发生改变，否则就有可能影响到他的情绪，让他再次放弃，从外在去寻找支撑。

综上所述，其实这两种方案都可以。选择哪一种，取决于来访者自我发展的意愿。进行心理治疗，取决于他是否想成为一个自由的人，成为一个真正为自己做主的人。这种意愿不能只是他意识层面的想法，必须是与内在一致的整体性意愿——反映在他的治疗动机上，就是他非常愿意为自己去争取、努力，在很多细节上都很愿意为自己承担责任、为自己负责。而不是动不动就说：我没办法了，你告诉我怎么办吧。如果他是这样的状态的话，就应该进行药物治疗。

18　要求服药的人

有的来访者经过一段时间的咨询，突然会提出希望通过服药来解决他的问题，或者要求在咨询的过程中服药。

这会让咨询师感到为难，让咨询师处于尴尬的境地。前文提到过咨询师是没有处方权的，对于是否要服药并没有话语权。如果咨询师觉得他的症状或者是情况已经接近医学判定标准，当然可以建议他去找医生，由医生来决定他是否要服药。作为咨询师来说更重要的是，理解来访者提出这样一个要求的意义是什么。

药物并不仅仅具有生物性的作用，它同时也具有很多心理学意义上的作用。

一方面，当一个来访者提出想要服药的需求时，这已经超过了咨询师的话语范围，就像是一种挑战，或者是一种试图想要挣脱咨询师话语体系的反应。他如果在你的话语体系之外跟你讨论他的问题应该如何解决，显然就是一种逃脱和回避。

另一方面，当他试图想要通过药物来控制他的某些问题的时候，也可能是他不想为自己负责。药物的性质可以让他不用承担责任，但这完全是靠外力来控制住他的问题：不管是身体上的、情绪上的，还是心理上的。

在某种意义上，如果他使用了药物，将会获得一个确定的病人的身份。而我们知道，所有的心理问题都可以归结为身份的不确定感。一个人要想获得确定的身份感，需要他在自己的人生历程当中，包括在社会层面上做出很多的努力，然后才能够一点点地获取他的社会身份，获取他人的目光。如果他不努力就很难获得别人的目光，那身份的确定感也很难实现，这种情况下他就容易选择一种逃避性的方式，那就是服用药物。

药物可以帮助一个人获得病人的社会身份，虽然这个身份会让他失去自控权。一个人一旦成为病人，就失去了对自己的问题做出处理的话语权，身体就不再属于自己了，这时候它是属于整个社会的。整个社会有专门的话语体系，医生就是这种话语体系的一个代表，他来决定应该如何处置病人身体的问题，方法当然是通过药物。所以来访者把自己交付给社会，就等于放弃了自己的自主性话语权，好处是他可以不需要非常努力地依靠自己，而且不需要承担太多的责任。

当来访者在咨询过程当中提出想要服药的议题时，他其实就跳脱到了咨询的话语体系之外。咨询的话语体系在某种意义上来说是推动和鼓励一个人自我承担责任的，不管是哪个流派，从根本上而言都是这个样子的。而药物体系不需要一个人为自己负责，药物体系、医学体系会接管个人的问题。

来访者想服药，说明他碰到了一个困难，但是并不想自己去承担。

对于非常不愿意为自己的问题承担责任的人，转向医学体系也是一种解决之道。这也是我们必须要接受的一个现实。

19　不想服药的病人

如果有来访者被诊断为某一种疾病，却不想服药，只想接受心理咨询或者心理治疗，这时候咨询师该怎么办？

如果一个人被明确诊断患了医学疾病，他就需要接受医学治疗。严格来讲，他其实已经失去了处置他的疾病的权利。疾病应该如何治疗，是由医生决定的。他有权拒绝治疗，但无权决定治疗方案。

如果患有如焦虑症、抑郁症或强迫症的人，被医生诊断为需要药物治疗，但是他拒绝，提出想进行心理咨询，可以说，他有想自己做决定的意愿，而身体层面出现了不一致。

也就是说，他虽然有想自己做决定的意愿，事实上从各个方面来看，他并没有做出相应的努力，以至于他在大众眼光当中、在社会的规则层面上，已经被认为是一个病人了。这种情况下，他提出来只想做心理咨询而拒绝服用药物，其实并不可行。

一旦一个人的问题被界定为医学问题，咨询师就没有权利直接进行治疗。因为咨询师解决的只是健康人的心理问题，而不是医学问题。

其一，如果说你是一个执业药师，又是咨询师，遇到一个重度抑郁病人，能否指导他用药呢？假设这个人被诊断为重度抑郁症，这个诊断肯定是医生做出的。对于疾病的治疗，只有医生有相关权利，药师既没有诊断权，也没有治疗权，所以药师没有资格指导来访者使用哪种药物来治疗。

其二，心理咨询师如何应对重度抑郁症患者呢？首先，从严格意义上来说，咨询师不可以给他做治疗。当然，如果在医学机构，在他接受医学治疗的前提下，咨询师作为辅助，并不是不可以参与治疗的。但是如果以咨询师为主，对被医学诊断的抑郁症病人进行心理治疗，这是不被允许的。

从理论上来说，心理治疗也可以治疗抑郁症，但是从现实层面上来说有一些矛盾和冲突。所以不建议咨询师，特别是在非医学治疗的前提下直接对有医学问题的来访者进行干预和治疗。咨询师要建议他们先去医学机构接受治疗。如果你一定要给他治疗，那也只能是辅助，不能以此为主。

20　如何阻止人们过早退出治疗

很多咨询师经常会碰到这样的问题：咨询没做几次，问题还没有展开，其实双方状态都很不错，但是来访者突然就不来咨询或者提前结束咨询了，连原因都不清楚。

当然，具体情况可能是各式各样的，但是从根本上导致咨访关系过早结束的原因，一般情况下只有一个：咨询师无意中把自己的需要放到了来访者身上，而且放得有点多，比如特别想要治好来访者、特别想要解决来访者的问题。这种情况最容易出现在新手咨询师身上。当你想要解决来访者的问题的愿望远远大于他自己愿望的时候，就是把你的愿望放到他身上去了，即把你的需要放在了他身上。这个时候，就不是你在给他做咨询了，而变成了他在解决你的问题。因为你通过这种方式，把你想要证明自己、拥有一个咨询师身份、成为一个社会人的需要放到了来访者身上。可是来访者找你，恰恰是因为他自己在这个方面遇到了困难。

所有心理咨询师面临的困难，归根结底是来访者在变成一个社会化的成人的过程中出现的一些困境。来访者需要你的帮助，希望你能够让他变成一个成人。你还没等他提出更多的要求，就先抓住这个机会，想通过他让你自己变成一个咨询师、拥有一个社会身份，这就非常容易导致咨访关系过早断裂。具体表现在：你的来访者很少，你过于在意这个来访者，特别希望他能够一直咨询下去。

此外，可能你的收入来源过多地依赖某一个来访者，当然这也反映出你的来访者很少。这个来访者给你的咨询费用对你来说太重要了，这种情况下，你当然会很紧张他会不会愿意到你这里来、他会不会离开。这非但不能帮助你合理地进行咨询，反而会导致咨询过早结束。

我们应该做到，不要太在意来访者是否会一直来。你越放松，你对他的需要就越少，他跟你的关系反而越容易维持。你在态度上得让他感觉到，他到你这里来完全是基于他的决定，不是你对他的强求。他能不能好起来也是他的决定，你对他也没有一种非得要让他好起来的愿望。但是只要他想好，你肯定愿意提供帮助，这一点必须是很明确的。

如果他自己有懈怠，或者有一种不愿意好起来的潜在意愿的话，他就必须对自己负责，你是不能替他做决定的，你也不能过度用力地去推动他。你的工作是跟在他的后面：只要他想好，你一定提供支持；一旦他有不想好的意愿，你也绝不强求。这样，在他看来，他跟你的关系也许不是那么密切，甚至他有时候会觉得你对他的支持不够多。不过，他同时也会感觉在你这里是比较放松的，而且是比较安全的。这会让你对他的咨询工作维持下去。

21　早期阻抗者存在的问题

什么叫早期阻抗？来访者来做咨询，他在内心一方面想解决某一个问题，一方面又不愿意解决这个问题，因此产生了矛盾。如果他只是想要解决问题，没有一丁点儿的回避，没有一丁点儿想要留在原处的意愿，他其实不需要做心理咨询，自己在现实中就能找到办法，获得改变了。

他之所以被困住动不了，正是因为他内心有矛盾：一部分想要改变，因为留在原地很难受；另一部分害怕改变，因为改变就意味着要面临未知。被困住固然很难受，但不改变的话一切都是确定的，能够带给他一定的安全感；反之，如果改变，也许能让他避免陷入不断面临的痛苦境地，可这对他来说是不确定的，是不安全的。

来访者内心存在这种矛盾，就构成了咨询过程中的早期阻抗问题：过早地退出咨访关系。那么这个问题应该如何解决呢？咨询师在帮助来访者的过程当中，不管要解决什么问题，一个基本的态度应该是跟随，而不是引领，这是提供心理咨询的一个原则。

咨询师很容易把跟随变成引领，比如急迫地想要发现来访者的问题、急迫地想要帮他解决问题。这些所谓的过于急迫，一方面基于咨询师自身的一些需要，比如前文谈到的想确认咨询师身份；另一方面基于咨询师产生的一个不准确的咨询态度或者理念：以为要引领或者指导，以为对方向自己求助，自己就应该比他更明白，因此有义务去引领他。这就像我们从小接受的教育一样：我们去学校，老师好像总是比我们知道更多，总是告诉我们要跟着他走。但是咨询不是这样，咨询是一种跟随。

在咨询过程中，你固然比来访者更了解、更清楚他的状况，但是你不能拉着他走，而应该跟着他走，跟着来访者的感觉走。当你跟着他的时候，你不断地告诉他你跟在他身边，告诉他你所感觉到、看到的关于他的一切状况，比如在哪些时刻你发现他其实很想要改变，他想要改变的时候不自觉地做出了什么表现等等，你立即一一如实地向他反映，他就可以不断地明白自己所处的位置，同时感觉到有一个人一直在他身边跟着他，这会带给他确定感和安全感。

你绝对不要牵引、拉扯他，他不会因为你的指导而产生确定感，你也没有办法直接让他体验到他还没有到达的某个位置的感觉，他顶多是道理上明白，内在感觉上是不能真正明白的，他需要到了那个位置后才能获得那种感觉。所以你急切地指导他是没有意义的。

而你跟着来访者走，在这个前提下，他会试图自己再往前走一小步。虽然走这一小步的时候，他依然有各种不确定，可是他至少能确定你离他不远，你就在他后面。况且就算他往前走发现不对，退回来也很快就能回到你身边。这样才能够给他真正的安全感，让他在态度上慢慢地消除早期阻抗。

这就像一位妈妈跟着学走路的小孩子一样,她慢慢地跟着他,孩子会更愿意学走路。如果妈妈一直拉着孩子往前走,他其实是很难学会走路的。

22　没有清晰问题的人

在心理咨询过程当中，咨询师需要了解一些基本问题，才能很好地开展咨询工作。

来访者是否真的知道自己想要解决的问题是什么，是咨询师首先要弄明白的。这个问题听起来挺奇怪，如果一个人不知道自己有什么问题，他怎么会来求助、来找咨询师呢？事实上并不尽然。从某种意义上来说，来访者之所以想要来求助、之所以会遇到困难，正是因为他不清楚自己的问题到底是什么。所以咨询师所要做的第一步工作，也是最重要的，就是帮助来访者弄清楚他面临的问题到底是什么。一旦弄清楚了这一点，怎么去解决其实并不复杂。

就如我们之前说过的，不管是什么心理问题，从根本上来讲其实都是一个人不清楚自己到底是谁这个问题。任何其他问题，都是这个问题的延伸。一个人既然不清楚自己是谁，是肯定说不出问题来的。正是因为不清楚自己是谁，才产生了问题。咨询师要帮助来访者弄清楚他的问题到底是什么，但这相对来说是一个比较长期的过程，不是三言两语就可以解决的。

来访者不会认为不知道自己的问题是什么，他一定会带着一个问题过来。比如他说他的情绪不好、他跟家人的关系处理不好，或者他的身体有个地方特别不舒服，等等。看起来他是知道自己的问题的。其实这只是一个外在问题，并不是心理咨询当中我们认为的需要真正意义上去解决的问题。这只是一种表象，我们把来访者的主诉，也就是他讲述的问题，看成是他内在问题在现实当中的一个外在表现，因此就需要做一个"翻译"，把这个外在的问题翻译成一个内在的问题。如何把外在的问题翻译成内在的问题，就是心理咨询工作的过程。

举个例子，有一个人来找你，他情绪非常糟糕，甚至很抑郁。他说想要让自己的情绪好起来，那你能做什么呢？听起来好像根本无从着手。因为这是他的情绪问题，外人做不了什么。但是你需要去翻译它，你通过了解他什么时候情绪不好、他为什么会情绪不好等这些外在的事实，你慢慢发现他情绪不好可能是因为他面临了某一种现实困境，比如跟父母的关系闹僵了；要一个人到比较远的地方去工作、学习，等等。当你发现这一点的时候，你就慢慢地把他描述的外在事实转化成跟关系有关的问题了。本来是他身体感觉上的一个情绪问题，就变成了与关系有关的事件。比如他要独自到远方去工作被迫与父母分离，因为在这个节点上他出现了情绪问题，我们会把情绪问题翻译成与关系有关的、要分离的问题。

再深究下去，我们发现，跟父母分开也并不一定是在现实距离上的分开，而是指他离开父母就不知道如何照顾自己。他也知道应该去吃饭、应该去工作，但他会产生一种感受：一旦分开，这个关系好像就完全断裂了。或者他会产生另外一种感觉，一旦和父母分开，自己就会出现六神无主、完全找不到北、没办法思考、脑子动不了等现象。

这就帮助我们了解到，他在心智上处在年纪很小的状态，就像一个幼儿园的小孩子。他没有办法站在自己的位置上，用自己的眼光、自己的心智去感知外界，他都是依靠父母对他的反馈感知的。所以有一天他被迫离开父母的时候，他可能一下子就会觉得特别慌张，同时感觉到非常无助、无力，继而产生情绪问题。这是一个连续不断的过程。

但是他只能说他情绪不好，没有办法告诉你更多，因为他面临的是自己意识不到的困境。要与长久以来对他产生支持的人分离，让他一下子回到一种非常无助的、一旦离开别人就没有办法生存的心理状态，这一点他是意识不到的。那么你可能就需要帮助他慢慢去意识到这一点，这样才能构建整个咨询的历程。

你要知道，来访者到咨询室来求助，他告诉你的是外在问题，不是真正的内在心理问题。显然，他在真正意义上其实并不清楚自己有什么问题，这也是他来寻求咨询的根本原因。你要帮助他去找到与外在问题相对应的内在问题，并且用一种他能了解的、他能听得懂的、他能感知到的方式，让他自己理解，这就构成了心理咨询的工作过程。

23　有神经症、边缘性人格障碍和精神病性症状的人

　　神经症、边缘障碍或者精神病是咨询中的一种诊断，这种诊断跟医学诊断的差别在哪里？在咨询当中，我们讨论这些诊断的意义是什么？如果在医学当中我们讨论一种病症，当然是为了找到匹配的药物进行治疗。但在咨询当中，我们不使用药物，我们的根本目的也不只是消除症状，而是改变一个人的状态，从某种意义上来说，是让他变成一个与以前不一样的人。

　　当我们探讨来访者的病症的时候，就是要看一看他是一个什么样的人。咨询中的诊断，更多是指向他是什么样的人的一种描述和界定。

　　一个人是什么样的人，有很多评估维度，我们常从人格层面，或是从自我功能的水平层面做确认和界定。在做咨询之前，我们通常要评定来访者自我功能水平的高低，这样才能决定在咨询当中使用什么样的态度去应对。自我功能水平划分为四大类。

　　一类是相对健康的人群，这类人问题不大，或者说问题没有到需

要求助的地步。另三类都是需要求助的人群，他们显然不能完全靠自己去应对问题。也就是说，他们的自我功能不足以解决自己所遇到的问题，这种情况统称为健康失调。

健康失调的三类，根据自我功能的轻重来划分，从轻到重为神经症、边缘性人格障碍和精神病性的问题。我们在咨询过程中主要是通过来访者的自我责任能力去做界定，因为来访者的自我责任能力的强弱，直接关联到咨询师的相关责任。

我们认为，一个人在神经症的状态下，完全具备自我责任能力，可以对自己做的所有事情、产生的所有想法以及产生的所有情绪负责。这种情况下，我们把他看成是一个具有独立行为责任能力的人。因此，他跟咨询师之间的关系肯定是平等的，也是独立的。这类人是心理咨询师主要的工作对象。

如果一个人自我责任能力下降，不能完全承担自己的责任，有时候可以对自己负责，有时候负不了责，这种情况下他就不具有完全的行为责任能力。一个人在某个时间段、某些情况下是否具有行为责任能力，需要专业人员评估之后才能界定。所以，如果给他做咨询，咨询师就要分清楚，他来到你面前的时候是否处在有行为责任能力的状态中，如果他能为自己负责，就可以做咨询，如果不能为自己负责，他可能就不适合进行心理咨询。这种情况一般来说多见于边缘性人格障碍的问题，比神经症严重，但还没有变成精神病性的问题。

如果变成精神病性的问题，一个人就完全失去了自我行为能力，对自己说的话和做出的行为完全不能负责，在某种意义上失去了对自己的控制力，想法不由自己决定。一般来说，这种情况被界定为精神病。精神病是种疾病，需要医学治疗，不适合进行心理咨询。

那么怎么判定一个人是否具有行为责任能力呢？通俗意义上来说，一个人在意识层面上了解自己说的话和做的事，产生的情绪反应、内在感受都是他自己的，而且能够对此负责，那我们就认为他是具有行为责任能力的。如果他在某个地方很模糊，经常觉得他的行为完全是由别人造成的，他自己在这当中没有任何问题，那情况就有点儿严重。如果出现连想象和现实都分不清楚的情况，甚至内在感知系统出现很严重的偏移，比如幻觉、妄想，那就是精神病性的，这显然完全失去了行为责任能力。

24 患有躯体疾病和有转换性症状的人

我们这里所说的疾病主要指身体方面的症状，也许它没有被诊断为具体的疾病，但它与疾病有相关联的一些具体性的症状。

在传统观念中，如果身体生病了，就认为是生理原因导致的，跟心理没什么关系。把身体跟心理完全隔离开来看，这是很典型的二分论。现在大多数情况下，尤其是心身医学的概念被越来越广泛地接受，我们就不会这么看待问题了。我们认为生理跟心理在很大程度上是一体化的，它们是有关联性的，是相互影响的。

在咨询当中如何看待具体疾病问题呢？

对于一个人来说所谓的生命涵盖了身体和精神两部分，这两者当然不能分割，是关联在一起的。精神部分我们比较容易理解，一个人心里有了愿望，就会出现两种情况，一种是说出来，一种是不说出来。他说出来大家就知道他在想什么，就可以想办法去解决问题、满足愿望；如果他不说出来，别人就不容易知道，他会因此产生一些情绪。如果他的情绪很强烈，就有可能导致一种情况：他只知道自己有一种很难受的、不舒服的、跟情绪有关的感觉，已经忘了情绪其实是因为某一种不满足而产生的，而把情绪错当成原因本身。

同样的道理，身体部分也是一样的。身体层面抑制得更深，它甚至不能表现为一种情绪。一个人对自己的某一种愿望或者某一种满足，身体层面相较于精神部分言语化程度更低，更加不容易被意识到，往往直接以身体疾病呈现出来。因此疾病也可以被看成是一种没有被说出来的愿望，这个愿望被抑制得非常深，直接表现为具体的症状。

如果愿望能够表达出来，它可能就变成一种情绪症状。最好的情况是，它是一种很明确的语言表达。

由此我们可以看到，如果来访者带有躯体症状或者躯体疾病，那说明这些症状或者疾病相对应的某部分愿望，他很难说出来，抑制得很深。如果他的疾病是从小就有，或者是一种很难治疗的疾病的话，那就说明是他内心甚至意识不到这种愿望。

当然，这种强烈的不满，可能并非完全是由他自己的不满足导致的，也有可能他很小就承接了来自家族、父母的某些未完成的愿望。这就有可能会让他生病。

虽然有时候父母的愿望不能实现、表达，但在他们身上未必会发展成具体的疾病，可能表现为一种情绪化症状。父母因为意识化程度比孩子要好一些，不能化成语言的东西就变成了一种情绪。对小孩子来说，他接收到的是父母各种各样的情绪，他的语言功能还不健全，不可能把父母的情绪转化成语言，甚至不明白是怎么回事，就会抑制得更深，折返到身体上。所以承接了父母情绪的小孩子，他的反应状态会更严重，会变成一种躯体疾病。

在表达层面上，身体属于最基础的起点，人的表达是从身体感觉出发，然后转移成情绪、情感这些体验，之后变成符号化的语言。我们成为一个人的目标，或者说达成一个所谓成人化、社会化的目标，就是能够用语言把内心的感受说出来，当然不一定是直接说出心里的感觉，也可以是说各种事情、探讨各种问题。这些都是由内在的感觉转化而来的。

25 "有钱的人"

我们说的"有钱人"是指能够在一定程度上获取比较多的社会资源，掌握或者熟悉跟现实有关的一些社会规则的人，具体表现在通过自己的努力赚取了一些财富。所以我们这里说的"有钱人"是靠自己的努力能够赚到钱的人，富二代暂且不谈。

这类有钱人在一定程度上是适应社会规则的人，在社会上也属于比较成功的类型，那他们为什么还会有心理问题呢？

在某种意义上，一个人会同时在三个层面上表达自己。只有在每一个层面上都能比较自如地表达自己，他才能活得比较自在，不然就会有很多的不适感。

这三个层面分别是身体层面、情感层面（也叫关系层面）、社会规则层面（也叫社会现实层面）。在社会规则层面上，有钱代表一个人能在社会活动中比较自如地表达自己。

有钱的同时是不是在情感层面和身体层面上就自如呢？答案是不一定的。一个人从身体感觉出发向外发展，经由情感，再到符号，这样一个比较完整、不断裂的过程，发展到相对有钱，就会比较自如了。但是很多时候并没有这么理想，一个人在建立关系或者情感的连接上出现困难，他可能就放弃或者躲开了，转而把更多的力气放到适应规则上，也就是选择牺牲自己情感上的需求，补偿性地发展自己的一些社会功能和能力。

这样的人易获得现实的成功，即有钱。但是这类人在情感层面依然停滞在比较早期的状态，他们心里会很痛苦，因为他们跟别人交往时，情感上很难获得满足。

如果这种抑制更深一些，也会影响到身体。有很多这样的案例，比如一位创业者很富有，很不幸的是突然出现了一个意外，心肌梗死。他好像已经完全失去了对自己身体清晰的了解和感知，无法捕捉到身体不舒服的信号。他这是一种回避跟抑制，这种情况属于补偿性地发展社会符号化的能力的表现，是一种平衡失调。

对这类来访者来说，重要的是要弥补他们对自己身体感受的觉察，以及对建立关系的了解，包括让他们学习在情感反应和关系中了解自己的情感需求、明白对方的情感需要等等。这些对他们来说都是重要议题。

如果一个人很贫穷，他可能沉溺在自己的情感世界中，不断徘徊、留恋于弄清楚真相，在多人的情感关系当中纠缠不清——是否得到特殊照顾了、别人到底好不好、他是不是对别人好等，却不去发展一些符号化、社会化的功能。也就是说，他的情感没法转化，放下情感就变成一种困难。

当然还有更严重的：一天到晚去看病，把关注点统统放在身体上，他表达自己、聚焦自己，解决问题始终停留在身体层面上，甚至连情感层面都达不到,更不用说达到社会规则层面了。但他并没有产生出补偿性反应,只是停滞在身体层面,这样也会导致物质上相对贫穷的状态。

26　成功者的困境

有的成功人士会突然出现一些躯体情况，包括身体疾病，甚至会产生严重的后果，这在心理学上也有一些意义。

我们前面谈到过一个人的心理成长有从一元关系到二元关系再到三元关系这样连续发展的过程。当然，在一个比较健康和成熟的人身上，一元关系、二元关系、三元关系很可能是并存的，但是它们的比例相对来说可能不一样。

一个成人进入社会的标志就是他能够适应社会规则，也就是他能够进入三元关系阶段，并且从中获取一个身份。如果能够做到这一点，他往往可以获取一些社会标准上的成功。这当然是通过离开一元关系和二元关系状态才能到达的。

如果出现特殊情况，比如这个人从一元关系进入二元关系的分离过程不彻底，不能很好地去发展二元情感关系，而直接就跑到了三元关系中，这很可能是因为他是被他人占据的，他在社会中成功的身份并不是真正为他自己争取的，很可能是为了父母的愿望或者其他养育者的愿望。这就不是在个体存在感基础上发展起来的自我存在感或者身份确定感。他为了他人在社会中努力，他在社会中的成功，与其说属于他自己，不如说属于他的养育者。他作为养育者的一个延伸、养育者的一个工具，帮助养育者获得了社会意义上的成功。这样的话，对他自己来讲，社会规则层面上获得的身份和成功，就会产生断裂。

他在三元关系中获得成功之后，很多人对他的认同感会把他从养育者那边向外迁移。这种力量很大。事实上，他内心可能没有做好与养育者分离的准备，也就是他依然处在一个相对融合的状态。他并没有试图和他人建立情感关系，虽然他在三元关系中获得成功，虽然他拥有很多东西，但是他的内在很难获得支撑。他更多是作为满足其他人的工具而存在。他的身体不能真正地被自己所了解。他作为一个工具不断地去付出，他的付出所依据的是别人的希望和要求，而不是根据自己内在的发展需要。

他的成功不是建立在量力而为或循序渐进的基础上的，很可能他在身体层面、情感层面已到了不能承受的状态。这时候补偿性的反应就会出现，也就是身体会出现一个信号，比如躯体化问题以及身体性的疾病等。

所以，有些在社会中看起来很成功的人容易出现严重的疾病或者生理问题。

27　无法面对退休的老年人

咨询当中也经常遇到一些在社会上很成功但是无法面对退休的老年人。

一个人通过一生的努力虽然可以获得不错的社会成就,但是到了一定的年龄,他肯定会面临退休的问题。很多老年人,特别是比较有成就的老年人,一旦到了退休的年龄,很有可能会出现一些问题。

这些问题通常会以疾病的方式表现出来,也有一些可能没那么严重,表现为情绪上的困扰,比如退休之后突然很失落,变得抑郁。一定程度上我们也能够理解,原本习惯于有很多事情要做,也习惯于被别人关注,有一定的社会价值,退休之后落差比较大,当然会有些受不了。

可是,退休是个不得不接受和面对的问题,那怎么办呢?特别是作为子女,面对退休或者将要退休的父母,很可能觉得力不从心,不知道应该如何应对。

成功的老人退休之前,他们的状态需要调整。换句话说,他们是一群对于社会价值，或者说社会符号化的价值过度认同的一群人，他们非常努力在社会中获取别人的认可，以此来获得社会价值感。

但是社会价值感其实是欲望的满足感，它是经由最原始的需要，比如身体层面的感觉需要，变成一个情感层面的需要，再慢慢转变成社会规则层面欲望的追逐和满足。所以有的人会在退休的时候突然产生巨大的落差，导致失落的情绪。

一般这类人工作时容易获得别人的关注和目光，退休之后状态变了。退休前所获得的关注以及建立的关系都是欲望层面上的，欠缺情感层面上的联系。他们一退休，社会层面和情感层面的连接不见了。正常的生活状态固然需要欲望层面上的关系以及价值，可也不能完全放弃情感层面上的关系。

我们在工作中创造社会价值的同时，也应该在一定程度上注意结交一些在情感上能够真正有关系的朋友，这是我们比较容易忽视的情感连接。如果为了事业太过度地放弃情感，包括放弃家庭关系、造成跟子女关系的疏离等，在身处社会体系时这个问题是不会凸显的，一旦退休，马上就会感觉到巨大的落差，失落感就产生了，这并不是一个健康的状态。

很多人退休时会出现一个断崖式的跌落，从社会规则层面上突然跌落到身体层面上，因为情感层面是空缺的，所以一下子就出现了身体疾病。为了避免一退休就生病，就需要一个缓冲。情感联系、情感连接就是缓冲。这就需要我们在追逐社会价值的同时，有意识地留出一点空间去建立和发展自己的情感关系，特别是跟家人的关系。否则就会造成不均衡的发展。

过度认同社会价值的背后，是一种不可消除的空洞感、空乏感，即使身处在价值体系当中,能够不断追逐到社会价值,这种感觉也是不可避免的。在社会规则层面上,你如果觉得自己还算不错,还有些价值,那就应该开始注意情感层面的建设,否则等到退休就来不及了。

28 聪明的人

在咨询中我们会碰到一类人：聪明人。他们很有才华，也很有能力。这么优秀的人也会有需要求助的心理问题吗？

这就涉及我们如何看待才华或者技能，以及它们在心理发展的过程中具有什么意义。一般情况下，一个人如果发展某种能力的话，总是出于某一个目的，这个目的就是应对现实。一般来说，如果小时候生活的环境相对比较平稳，没有什么特殊的危机，那么需要发展的能力也就相应比较平平，因为并不需要发展什么特殊的技能去应对各种麻烦。

我们所说的危机和麻烦，既可能是现实层面上的，也可能是心理层面上的，影响更大的是心理层面上的。比如一个能力很强的人小时候其实很顺利，看起来现实条件也不错，几乎没有经历什么麻烦，那么可能是心理层面上他面临过比较大的挑战。心理层面的危机和麻烦，有时候并不被界定为"陷入很糟糕的境地"。

比如面临一个艰巨的任务，这在心理层面上也是一个挺大的困境。比如那些要承担社会重大任务的人，他们要想完成任务也很困难，这既是现实层面的困境，也是心理层面的困境。

困境会促使一个人去发展才华和技能。从本质上来说，聪明、才华和技能的发展其实是一种补偿性反应。

有一类聪明人，如果小时候被忽视，那他就会通过变得更加聪明伶俐、乖巧、可爱来获得他人的关注，让别人接受他、关心他。长大以后，他当然会在这个基础上发展出更多的才能，来弥补被忽视的局面。虽然他可能发展出不错的能力，但他心里其实并不是那么好受。

比如，他固然会感觉到别人对他的聪明很认同，但是对于他这个人本身，他其实并不确定别人在多大程度上能接受他，别人对他聪明的认同并不能抵消他心里不被人接受的感觉。为了抵消这种感觉，他有时候就会显得特别高冷、特别自负，反而让别人对他有些疏远。这又印证了他心里面潜在的感觉：别人其实不是很接受他。所以这是他给自己设了一个局，当然也是一种自我保护的状态。

一般来说，这种类型的聪明人，在现实当中跟人是有距离的，与人的关系相对冷淡。他们固然聪明，但是聪明背后时常也会有一种空洞的感觉。

聪明人有两大类，一类是刚才提到的，他们比一般人聪明，但这种聪明无意中会让人感觉到一种空乏感，他们跟人的距离相对来说是疏离的。还有一类是能承担很多大事情，即所谓"天将降大任于是人也"的那些人。他们也很聪明，与前者的不同之处在于，他们相对比较厚重、踏实，不会让人产生空洞感。在与别人的关系上，也没有那么远、那么疏离。"聪明"可以说是人在面对想象当中或者现状的困境所产生和发展出的一种技能,但是在不同人的身上,表现还是很不一样的,这需要我们在咨询当中加以了解。

29 习惯性迟到的人

在做咨询的过程当中会碰到这样一类来访者,他们经常会迟到。

这种迟到往往有一些特点。首先,迟到意味着难以找到自己的位置,他们身不由己,他们也不是故意的,可总是会有种种原因导致他们没有办法准时出现。这其实是无意识的情况,事实上他们没有办法避免这种情况的出现。这就意味着这件事跟他们内在没有觉察到的某些影响有关:他们被自己内心某些部分的无意识控制了。通常来说,迟到意味着一个人内心没有办法准确找到自己的位置,该他出现的时候,他不能迅速准确地知道他应该出现在哪里。

其次,有些时候迟到也源于潜在的竞争关系,这种情况往往出现在家庭当中。比如家中的老二或老三,相对于哥哥姐姐,他的到来本身就是一种迟到,如果父母对他在某些方面又不是那么关注,就会导致他产生一种不能明确自己位置的状态。在日常生活当中,如果这种状态没有被及时觉察和处理,有可能就会导致他们在其他地方出现迟到的现象。

再次，迟到可能意味着对一种新状态、新身份的拒绝。因为新的身份会带给我们一些不确定感。在面临改变的时候，也就意味着有一种新的状况可能会发生，这种时候人难免会有不确定感、感到恐惧，但是又意识不到，这时就有可能出现迟到的现象。比如咨询当中面临一个重要的节点，即将发生变化，这种变化可能会导致来访者整个状态有所改变，也就是新的身份、新的状态即将出现时，来访者的迟到就会变得频繁，或者原本守时的人突然开始出现迟到的现象。

除此之外，迟到也有可能是对于内心被忽视的感觉的反向形成反应。有这样一种说法：最后一个出现的人，有时候也意味着是最重要的。对于一些内心有一种无价值感、总感觉自己被忽视的人来说，他们把这种感觉给屏蔽、抑制了，然后用反向的方式不断引起别人的注意和重视，来彰显自己的重要性。最终他们以迟到的方式表现出来。

想彰显自己特别重要的状态，有时候也会延伸为感觉自己特别厉害、特别强大，这样的人会用一种特别强烈的竞争状态来显示自己的存在。从某种意义上来说，其实迟到也是竞争状态的一种凸显方式，比如，后来者处在竞争位置，一方面他的位置是迟到者，另一方面，他要强调或者说他要通过努力，来证明他其实是更加优胜的那一个。所以迟到其实也是跟竞争状态关联在一起的。

总体上来说，迟到有各种表现，但是有一点是肯定的：迟到的人似乎不能接受自己实际意义上所处的位置，努力地想要用种种方式证明自己的实力，避免面对内心的被忽视感。虽然他拼命地离开那个位置，事实上因为他并没有真正接受自己的起点，往往兜了很大一圈以后才发现，其实并没有真正离开过。

所以想要离开那个位置，先得接受自己就在那里，然后有意识地去做努力，而不是说无意识地做出很多行动，看起来厉害，但其实一直在原地打转。

30　习惯拖延的人

对很多人来说,拖延是一个在生活当中经常会遇到的问题。这里的拖延并不是一个人故意抵触,不愿意去做某一件事,而是其内心好像有一种抗拒的力量——明明在意识层面上是想要完成的,只不过因为种种原因或者种种境遇,使得他好像没有办法顺利完成一件事情。这种不能完成并不完全是因为能力的不足,更多的是因为去做的时候,无形中总是会出现各种状况、给自己找到各种理由,或者心里产生抵触和阻挡,这种情况一般称为拖延。

在拖延的过程当中,当事人其实是很焦虑的。事情不是说一拖延就不必做了,或者刻意去做别的,心里就能轻松。其实他心里经常会想到这件事情,一方面想着要尽快去完成,另一方面不知道怎么回事,总有一种力量牵拉着他,让他不能够顺利地完成,所以他往往越拖延越焦虑难熬。

如果一个人的情绪处在焦虑状态,那这种状况跟他身份的不确定是有关系的。换句话说,我们可以这样认为,为了让自己晚一些接受新的身份，或者说对于一个新的身份，内心不愿意承担随之而来的一些责任，因此产生了拖延。拖延，意味着你已经接受了一个任务，你应该以一种新的、不同于以往的身份进行工作、与人相处，但你又不愿意去落实与新身份相关的一些功能，所以就处在了一种焦虑状态中。

简单来说，拖延是一个人不愿意接受自己的某种新身份，因此产生的一种反应。希望自己依然留在过去的某个地方和某种状态当中，有点像一个小孩子不愿意长大。

从拖延现象延伸开来，在青少年、儿童当中，还有另一个类似的现象：考试恐惧。平时成绩不错，但是碰到考试就发挥失常，或者总是考出很差的成绩。这也是变相的拖延。

拖延跟迟到有一点相似，但比起迟到，拖延的心理状态稍微不一样。

迟到会让人产生一些内心的反应，这些反应多多少少会跟恐惧有关系。比如我们去参加一个活动，或者到一个地方去，因为种种原因无法准时到达，内心就会感到很不舒服，就会感到恐惧、害怕，会担心被惩罚。

迟到是还没获得新身份，在获得新身份的途中心里有抗拒。而拖延是已经接收到了新身份，只是不愿意去执行与身份相关的功能。拖延的心理状态更多的是焦虑跟紧张。迟到跟拖延有时候会同时出现在一个人身上。它们的意义有相似之处，也略有区别。

31　过度饮酒的人

成瘾中最常见的一种现象就是酗酒。

过度饮酒有时候是影响了家庭关系,有时候是对自己的身体造成不可逆的影响。面对酗酒的来访者,我们要了解其酗酒背后的心理意义。

首先,我们看一看酒精到底给人带来怎样的变化。从日常生活当中很容易了解到,人与人之间如果各自带着自己的社会身份,距离就比较远,不容易有情感的连接,所以为了突破这种障碍或者改变这种关系,让相互间的关系更加亲近,这时候就需要借助一些工具和方式,饮酒就是其中比较常见的方式。

一般来说,过年过节、亲朋好友聚会都会喝酒,好像一喝酒情感就比较容易建立起来。由此我们可以推测,酗酒的人在某种意义上沉溺于情感的连接,不愿意进入到一个社会化的、社交性的,或者说跟社会身份相关的关系当中。我们也会看到,酗酒的人很多时候会出现社会功能的缺损,对情感过度依赖。内心对情感的渴望、对人与人之间亲密关系的渴望，都可能会导致酗酒。

酗酒者是因为对情感连接、情感关系有强烈的渴望，却没有实际的能力去发展这种关系，于是酗酒变成了替代行为。因为喝醉了以后，就可以完全沉溺在自己的想象当中，可以无视现实，想象一切都已经发生，一切都存在，但现实中什么都没有。这种状态也跟一个人身份的发展有关系。小时候的友谊关系一般比较难忘，因为小孩子之间没有太多的利益关系，友谊比较纯朴、纯真，往往到成年以后还会让人记忆犹新。成年后建立纯粹的情感关系变得比较困难，更多会转向利益关系。利益关系很现实，不带有太多情感，但它是被社会所接受的一种社交性关系。因为在社会规则层面上，如果人们太讲究情感，就会显得无序。有时候我们比较重视情感，比如农耕劳作模式下，强调血缘关系。随着经济社会的发展，再强调情感，就容易导致裙带关系，或者说让很多人感到不公平，因为社会资源对所有人来说应该是公平、共享的，不应该受到血缘关系的影响。

对酗酒者而言，他们渴望情感连接，但是没有能力按照现代社会规则在社会体系中获得身份，行使社会功能，并且建立一些关系。他们进入不了竞争的世界，又很渴望建立关系，对于情感很留恋。

对成人来说，情感连接和社会功能应该是相辅相成的。如果放弃社会发展，一味沉溺在情感当中，就会依赖情感；如果只重视社会的利益关系，那内在就会变得比较空虚。酗酒者一般是沉溺于前者，进入后者有困难，这其中有很多原因，我认为很重要的一点可能是其小时候缺乏清晰明确的引领，没有人告诉他该如何进入社会体系。

32　烟草上瘾的人

另一种比较常见的成瘾是烟草成瘾,也就是吸烟的问题。

很多人都有吸烟的习惯,甚至一天吸上一两包也不足为奇。有些人则特别讨厌吸烟,觉得味道很难闻。为了避免他人被动吸入二手烟,现在不允许在公共场合吸烟。

吸烟背后的心理意义到底是什么?不吸烟的人其实很难理解,为什么那些人喜欢吸烟?其实吸烟的人也不知道为什么,只是习惯了,不吸就感觉不能忍受。确实,如果长期吸烟,心理上有了依赖,如果突然不吸,身体上肯定就很难受。

其实在吸烟早期,如果突然不吸烟,身体上未必有反应,只是吸烟者会有些未完成的感觉。我曾问过大学同学,是不是因为觉得舒服才吸烟?他说其实也不是,只是不吸的话会感觉心里有点儿空,就像有件事情没做,具体为什么会这个样子,他自己也说不清。其实这是吸烟者普遍存在的现象。

我们先来看一看吸烟这个行为涉及的历程是什么。首先,吸烟是通过空气的交混，或者说通过肺部呼吸这个行为来完成的一个过程。这就涉及肺部呼吸的功能在心理上到底意味着什么。

呼吸是用来维持生命的基本功能，而且是自主完成的。在这个功能当中达成一个内外交换，也就是外部空气当中的氧气通过肺部呼吸进入到血液当中，达成一系列身体功能的代谢。这种交换功能是必须完成的，不是可有可无的，如果不呼吸肯定就面临生命的消亡。吸烟，在某种意义上来说和交换有关系，而且跟一种必需的交换有关系。

在呼吸的过程当中，氧气进入了血液，通过血液的携带传播到身体各个器官。血液这个端口其实和情感有关系，所以跟自身有关的交换其实是在情感的端口上。如果基于这一点考虑的话，我们就会发现吸烟的人跟他人的情感连接其实存在一定的困难。

吸烟除了情感交换，也有一定程度上的社交功能，这跟饮酒有点儿类似。和陌生人或者不太熟悉的人相处，通过吸烟能够快速地建立关系。在某种意义上，吸烟也是发展社交功能的一个工具。这也就意味着，沉溺于或者习惯于吸烟的人，似乎也是在不断地借助这个工具建立社交关系，甚至在某种意义上沉溺于这种社交关系，但他建立这种社交关系是为了获取内在的情感连接。这种关系往往只是看起来热闹，并不能获得真正的情感连接。

这反映出他们自身的一个困境——他们真正渴求的是情感关系，但是因为没有这种能力，所以通过过度发展社交关系来弥补。

过度吸烟容易造成肺部疾病，最严重的是损毁这个器官。其实从目的来看，吸烟并不能实现吸烟者真正的愿望——建立情感连接。

在吸烟的过程中，烟雾在一定程度上减少了氧气的摄入，会影响氧气在体内的置换，不能带来真正有效的情感交流。建议大家少吸烟，最好不吸烟，更不要认为吸烟可以促进情感交流。

33 恃强凌弱者

有些学生恃强凌弱，欺负一些相对弱小的同学，这种霸凌现象不光在中小学中出现，有时候在大学里也会存在，一度是学校需要面对的棘手问题，让老师和家长都很头疼。这个现象的背后到底隐藏着什么？

恃强凌弱，一方面是一种认同现象。霸凌者认同了他的养育者的某些行为，或者说是一种"与攻击者认同"。他的家里面可能有一个被模仿的对象。

另一方面是一种反向形成。为什么要恃强凌弱呢？显然是为了抵抗自己内心的无力感。一个真正很有力量的人，并不需要以这种似乎违背社会规则的方式去凸显自己的力量。

也就是说，在一个孩子身上出现这种反应，一般就意味着两点：第一，他的养育者很有可能是有同样现象的人；第二，他的养育者心里充满了虚弱感和无力感，在某种意义上也是一种外强中干。

霸凌现象本身是违规行为，不是遵守社会规则、校园规则的行为，势必不会被接受和允许。从严格意义上来说，这似乎是霸凌者的自毁行为。

养育者为什么会有这样恃强凌弱的自毁行为呢？有两个方面的原因，一个是内在的虚弱。其实作为家长，他自己到底是谁，在家族当中到底处在哪个位置，心里有没有感觉到真正地被整个家庭、家族接受，这些都和内在的强弱有关系。对自己位置不确定的人，会特别希望获得可以站立的感觉，就会想办法去凸显一些所谓的力量。

另一个原因是对规则不了解。因为没有人引导他如何去学习和适应一种规则，无去处，同时又不能确定来处。这种情况下，他的内心肯定是慌张和错乱的，这时就会选择反向形成来凸显自己的力量，这其实是在无力感的背后能让自己感觉安全的一种选择。

可见，养育者如果内心无助，进入规则无门，没有很好地适应环境的办法，往往以一种相对不讲规则的，甚至是耍赖的方式来获取一些现实的利益和好处，他们的孩子就会因为内心的虚弱感，再加上与攻击者认同的防御模式，把自己的无助感投射到更弱小的人身上，以欺负的方式去控制投射在他人身上的弱小。

有时候霸凌在现实层面上看起来有一定的效果，这就让霸凌者觉得这么做是有用的。但使用这种方式，最终肯定会面临处罚。

真正要改变恃强凌弱的行为，其实是帮助这些人去学习、了解规则是什么样子的，以及如何使用规则来达到自己的一些目标，而不是用自己想象中的一些规则——或者认为好像不遵守规则是更加便捷的方式——来获得自己的利益，事实上这也并不可能获得利益。

34　被动的人

我们在生活当中经常会碰到这样一类人,他们非常被动,也非常懦弱,跟他们关系比较亲密的一些人,比如朋友、家人,常常会生出一种哀其不幸、怒其不争的感觉。他们与人相处时,常会过度讨好,很少有自己的想法跟意见,也经常会受到欺负,不能为自己争取权利。

因为他们非常爱讨好别人,别人跟他们刚相处的时候,这种情况也挺容易被人接受的,很多人甚至愿意跟他们相处。但是如果你身边有这样一个人,你和他的关系越来越亲密,成了朋友甚至家人,这时候你可能会感觉到一些不舒服,你会发现他好像一点都不为自己争取权利,也不为自己做主,在关系当中非常依赖另外一个人,遇到一点事情特别容易表现出六神无主的状态。

非但如此,如果你的利益跟他有关联或者是绑在一起的,那么他在牺牲自己利益的同时往往也会把跟他有关的利益一并牺牲掉,因为他根本没有保护自己权利的意识,甚至都没有意愿去保护自己的权利。他每次都是退让，看似是保全自己，实质上是妥协。他的内心其实有一种强烈的不安全感，为了消除这种不安全感，他会妥协、不断地为他人付出，甚至做出很多无谓的牺牲，这样当然会让跟他有关的人也感觉到非常麻烦。

为什么会出现这种情况呢？在懦弱的状态中，一个人会缺乏一种主体存在感，因为他的想法很多时候都是依附在别人身上的。我们会看到跟他关系比较亲密的人，看起来总是在剥削他，他好像有时候也会不满意，可是一般情况下他都愿意接受和处在那种位置。

这类人一般没有自己的想法，他们一旦想要为自己内心独立的感觉、意愿去负责的时候，就会感觉非常困难并且可能会陷入某种恐慌状态。对他们来说，不断为别人付出甚至被别人利用的状况，固然让人不太舒服，却可以获得某种存在感和被需要的感觉。这隐含的是不太有意义的价值感，但是对他们来说，这种被他人需要而产生的价值感来的相对容易一些，如果完全靠自己去争取，需要承担太多的焦虑和压力。

这种懦弱跟被动的状态，很大程度上可以让他们停留在孩提状态，因为小孩子不需要为自己负责，一旦碰到事情，都是由父母出头。所以当他们被放置在必须由自己去处理各种与自己相关的问题的时候，就六神无主了。这个时候他们就会寻找愿意接受自己或者愿意为自己做主的人，作为依附对象。

被动的人愿意被别人利用，同时也会利用对方，用从对方那里得到的廉价的存在感来避免焦虑的感觉。

被动的人想要改变，就要让他们把自己的感觉更好地转化成一种符合规则的行动，从孩提状态进入一个规则世界、成人世界。

35 "怕老婆"的男人

有一个跟懦弱有关的特殊现象,俗称"妻管严",就是所谓的怕老婆。

男人怕老婆在世俗层面上比较容易被理解为是一种懦弱的表现。怕老婆的男人有两大类。第一类是男人的社会功能不太好——工作不太上进,或者没什么成就,在家庭当中失去了话语权。他的老婆反而社会功能不错,也拥有一定的社会话语权。第二类是男人比较积极上进,在事业上也有一定的成就,但他一回到家庭,就非常怕老婆。当然我们所说的"怕"并不是指单纯的尊重,确切来说是在关系当中不知如何去表达情感需求,也不会去争取、实现自己的需要跟意愿。

第一类就反映出一种状况:男人似乎不太能够进入社会规则,因此他其实并不是真正意义上的成人。作为成人,一个重要标志就是能够进入社会规则体系,能够使用社会规则为自己获取更多的自由,并且达成更多需要的满足。当然这是一个不断象征化的过程,也是一个不断把自己身体层面的基础需要慢慢转化成情感需要,再转化成社会规则层面的欲望需要的过程。如果一个人根本进入不了社会规则,本质上来说他就是一个小孩,而不是成人。

一般来说,男性要更多地在社会规则当中去获取一个位置,去执行跟这个社会位置相关的功能,并且带给家庭一些社会化的能力。当然这样的功能并非只有男性可以拥有,女性也可以拥有,只是两个人合伙过日子就要有分工,那么男性通常被赋予要承担更多社会责任的使命,怕老婆,很可能是因为在家庭当中男女功能的倒置。

第二类男人的社会功能明明还不错,也能够完成很多社会任务,并且拥有一定的社会成就,但依然怕老婆,这是为什么呢?从本质上来说跟第一类男人是一样的。他并不是处在一种非常独立自主的状态,他虽然在社会规则层面好像挺自由,但是他在情感层面其实不自由,完全受制于另一个人,或者说他甘愿受制于另一个人,也就是由别人做他的主。愿意让别人做自己的主,多多少少就会有依赖的成分。

一方面,他在外面表现得非常负责、有担当,能够行使自己的社会权利;另一方面,他在情感上非常愿意让别人来替自己做决定。这种情况就像一个孩子为了讨好成人,不断地行使一些看起来成人化的功能,是一种"假大人"的状态。只是,这个"假大人"做得还不错。不过他做这些事情并不是为自己,他虽然有社会功能,但是没有真正独立的自我意识,也没有真正独立的自我身份的确定感,因此在情感关系上,他呈现出的是受制于人或依赖他人的状态,并不是真正平等和自由的。

36　以自我为中心的人

前文谈论过懦弱的现象，以自我为中心跟懦弱正好相反。

懦弱的人总是以一种过度讨好他人的状态存在，以自我为中心的人则完全无视他人的存在，完全无视他人的利益。以自我为中心的人往往跟懦弱的人组成配对关系，一个人是以自我为中心的，另一个人恰好会是非常懦弱的状态。也就是，一个人不为自己做主，另一个人完全无视他人的存在，完全根据自己的意愿出发，做各种决定，争取各种需要。

通常，以自我为中心的人令人难以忍受，但是他们如果遇到懦弱的人，那两者就正好配对。因为懦弱的人最大的困难是没有办法明确自己的需要，也说不出自己的需要，他们总是寄生在他人的需求上，而这正是以自我为中心的人最乐于接受的。

以自我为中心的人最大的特点是，完全不能够体会或者意识到别人的需要。在关系当中，他们无视别人的正常反应和正常需要，不是他们故意要把别人怎么样，而是他们似乎就没有这种意识，不自觉地就完全感觉不到别人的需要。轻则，他们把别人都想成跟他们一样，他们有什么需要，同样认为别人也是这样子的；重则，他们根本就不在乎别人有什么想法和需要，处于一种自恋状态。

此外，这种人完全不能在情感上去理解别人，不能像对待自己一样平等地来对待别人。他们的人际关系一般也比较疏离，他们不太容易跟别人建立关系。他们完全不把别人当回事，他们也并不那么依赖别人，骨子里他们也不相信别人。

从早年经历来说，他们很可能是早期受到了忽略，过早地要完全依靠自己，过早地被放置在独自一人的状态当中去生活，所以他们不太能感知到，他们在生活中其实是可以跟别人建立关系的。他们意识不到在关系当中可以做一些尝试跟努力，以达到他们的某些需要，他们并不清楚这样可以形成合适的人际关系。所以他们对他人非常疏离，甚至有些冷漠。

成年以后，他们很有可能在利益方面剥削别人，这种剥削主要建立在无感于他人需求的基础上。他们在亲密关系中经常碰到麻烦，而在社交关系当中往往表现还不错。因为在社交层面上并不需要有太多的情感关系，以完成职能为主，所以对他们来说，这方面不会出现太大的问题。

他们的问题之所以集中在亲密关系上，是因为亲密关系当中需要两个人相互理解情感上的需求，深切地体会对方的心理状态，这对于以自我为中心的人来说难度非常大，他们天生对别人的情感需求无感。他们没有办法建立亲密关系，甚至不需要有亲密关系。

如果想要他们意识到自己对别人有需求，这不太容易，因为他们可能已经发展出来一种平衡的状态——不依赖于别人、完全靠自己，在关系中也跟别人保持距离。他们对别人的情感需要也不是太大，就像希腊神话当中的那喀索斯，那个爱慕湖中自己倒影的神一样，别人对他们的呼唤也很难引起他们的注意。

在心理咨询的过程中，这类个案很难治疗，其中最主要的原因是他们想改变自身的意愿并不强烈。他们以一种自我封闭的方式让自己处在相对平衡的满足状态当中，加上大多数情况下他们的社会功能还不错，在现实当中不容易遇到明显的挫折。

他们通过回避亲密关系就可以让自己处在相对平衡的状态，而且往往在外形特质上比较有吸引力，社会功能也不错，能获得他人的肯定。这些都是这类人不太想要改变的原因。

其次，他们一旦改变，在情感体验上就会经历从与别人疏离无关的状态到慢慢去跟别人建立关系的过程。在这个过程当中，他们有可能会进入阶段性的抑郁状态：很多飘浮的感觉会一下子落下来。这时候他们需要自己去消化和承受，这是一件挺困难的事。为了避免抑郁的发生，他们不愿意去改变。

这就导致了治疗当中的困境的出现。

37　有强迫现象的人

反复地做同一个动作或者做同一件事情，比如担心自己沾染了不干净的东西，反复地洗手；反复地检查水龙头有没有关好、门有没有锁好；等等。这在临床上被称为"强迫现象"。

"强迫现象"看起来是有冲突隐含其中：一方面觉得没有必要，另一方面在行动上却没有停止。这就构成了一种冲突性的反应，也算是病理性的行为。一旦陷入其中，当事人也是挺痛苦的，不断地重复做，内心觉得没有必要，可就是停不下来，他们并不清楚到底发生了什么事情，自己为什么会陷入这种境地。

从心理上来说，这显然是一种内心冲突——内心有两种声音，或者说有两种相反的意愿，一方面想要去做一件事情，另一方面又告诉自己这是不被允许的。

可见，一个人的内心愿望跟外界的行为规范不一致，他心里想做的事情并不被外界的环境允许，就会出现这种强迫现象。重要的一点是，虽然一个人内心有某个愿望，事实上，他对于内心的这个愿望并不接受,他并没有真正去实现它,只是不断地在内心想象自己好像已经做了这件事情。由于他内心的一些规范、标准跟外界是不一致的,因此他就想象自己已经达成了愿望,然后通过重复动作去消除试图实现自己愿望的痕迹,但是真正意义上,他的愿望并没有实现。这是一种自欺欺人的方式。

当然,这也是一种防御机制。从某种意义上来说,这也是一种自欺欺人的防御方式。他在潜意识中骗自己已经实现了愿望,但在意识层面上,他知道自己没有完成,所以他不允许的那一面就出现了,于是就想把已经做过但未完成的痕迹给去掉,便出现了强迫性的动作。

这种症状最初是因为人内心某些愿望的发展,超过了社会规则允许的程度。最典型的是性的愿望。性的愿望在很多人看来是一个禁忌,是不被允许的,是被严格规范和约束的。但是这种愿望似乎又不能控制,这就会构成一种冲突,构成一种强迫的可能性。强迫症一般多见于规范比较严格的外部环境,身处其中的人通常都比较压抑,这种情况下就比较容易产生内心的冲突,随后演绎成强迫性的症状。

解决这个问题的关键是,我们要看到,内心的愿望之所以出现,可能是因为外界的规则慢慢有了一些松动。一个人小时候接触的规则比较严格,他长大以后,所见所闻的种种都给了他一个印象:现在好像没有原来那么严格了,有些愿望是可以被实现的。但是从小在内心建立的某些规则又并非如此,这就构成了冲突。

如果现有的规则依然非常严苛,内心的规则也是严苛的,二者是一致的,基本上就不会导致冲突。因为当任何愿望都没有实现的可能性的时候，人内心的愿望也不会自动发展出来。

很多人认为，单纯只是外界环境的严苛规则，并不足以导致强迫症状的出现，因为内心的愿望无从生发，就不容易产生冲突，只有外部发生了松动变化，而原有的、认识到的、接触到的规则比较严格，与之不一致，这时才有产生冲突的可能性，才会出现强迫性的反应和症状。

38　有刻板动作的人

有一种症状看起来跟强迫很相似，它的表现也是反复地去做一件事情，但是跟强迫症状不一样的是，做这件事时内心没有冲突。换句话说，虽然一个人不断地做一些别人看来没有意义的动作，但是他并不觉得没有必要，如果不做的话，他就会非常紧张、焦虑，无法忍受；做了之后，这种紧张焦虑就能降低。这种情况我们把它称为刻板反应，也叫刻板动作或刻板行为。

一般情况下，典型的刻板动作不一定有重复，只是非常机械、固执地按照某一种僵硬、僵化的程序去完成一件事情。当然，重复也是一种很特殊的刻板反应。

刻板的性质跟强迫不一样。强迫是一个人想象自己已经达成了内心的某一个愿望，事实上他什么也没有干，他想消除已经做过的部分的痕迹，因为他心里并不接受自己有这样一个愿望。

刻板是一个人并不认为自己已经达成某个愿望，他在现实当中一遍又一遍地去完成同一个动作或者做同一件事情，就是为了确认这样一种感觉：我终于把它给做成了。在别人看来他已经完成了，但是他自己觉得没有完成。

从内心状态来说它跟强迫性的症状相反，但从外显行为来看两者又很类似。咨询师经验不太丰富的时候不一定能够分得清楚，可能会把刻板动作当成强迫性的症状。

强迫源于外界的规则发生变化导致人们内心发生冲突。刻板是人的内心非常不确定，跟外界的环境可能并没有直接关系。在他的想象当中，小时候经常被忽视，他感觉不到有人对他做反应，也感觉不到外在有人在照顾他，他得不到确认，以至于他常常产生一种感觉：不知道自己身处何方、身在何地。

内心的漫无目标、不知所在，让他必须想办法寻找一些确定性的感觉，他自发性的一个方式就是通过外显的行为，在环境当中去做标记。这种标记的方式可能外显为反复做一个动作，有可能是反复计数、检查、关门等，也可能伴随一些强迫性的行为。他没有反强迫，内心没有必要。

比如，他把每一样东西都放在特定的地方，别人不能随意去变动。换句话说，我们可以看到整个行为的迹象：他试图把外部环境当中的每一样东西都找到一个固定的位置，把它们固定住。这种愿望反映出他内在的状况，他很想让自己有一个固定的位置，也说明他内心非常不确定，不知道自己可以在什么地方，也不知道到底在什么地方。

孤独症看起来也有很多刻板动作，这种动作没有反强迫。具体表现为：他每天起来做的动作都是一样的、走的路线都是一样的。他的每样东西都要放在固定的地方，比如他的书架上哪几本书怎么放、每一本放在什么地方,别人都不能随意改变。如果它们被挪动了,他就会情绪崩溃、爆发。

这种状况表明一个人的内心不确定自己的位置,这类行为也可以看成是一种自发性的努力。这跟我们之前所说的具有强迫、反强迫的典型的强迫症状不一样,我们将其归类到刻板动作这一类中,跟强迫性的症状加以区分,因为它们在临床上的意义是完全不一样的。

39　冒失的逆恐者

经常做出冒失举动的人,我们称之为"冒失鬼"。

这种冒失鬼经常会给我们正常的生活带来一些困扰,我们或多或少都会遇到。比如,有时候把事情交给一些人去办,偏偏遇见了冒失鬼,本来挺顺利的事情就给搞砸了。这就需要我们能够识别并了解冒失举动背后到底具有什么样的心理意义,才能有效地去避免。

从冒失举动的外显来说,这一类人做事情不加思考,不会深思熟虑,经常会把事情弄糟。如果做得顺利,他们似乎也会有很果断的一面,但这并不是一种真正的勇敢。它跟真正的勇敢相比最大的区别在于,缺乏深思熟虑。

对于一件事情,他们为什么不仔细思考、不好好琢磨如何做才能更好,而是显得有些鲁莽、冒冒失失呢?这种行为背后其实是一种不确定,心里没底,甚至是非常慌张的。但是他不能面对,也不愿意承认和接受这种感觉,于是在内心将其完全屏蔽掉,认为自己可以不担心,可以把一件挺重要的事情看得无所谓,甚至会把一件需要去好好思考、琢磨的事情看得很简单。这样，自然就会导致冒失行为。

真正隐藏在冒失背后的是一种害怕，甚至害怕到了连想都不愿意去想的地步，只好把它简单化。在这种情况下，如果去做一件事情，那结果就可想而知了，一定是不恰当的。但是这种不恰当发生了以后，他在心理上就可以处在一种不那么难受的境地当中，受挫感就不会那么严重，因为他可以告诉自己：我只是没有考虑周全，这只是一个意外。

这是一个人因为过度担心害怕，想方设法保护自己内心不受挫的方式，但后果是在现实当中会导致一件事情不能很顺利地办好，甚至有些并不复杂也不困难的事情，只是因为他太害怕了，把它想得太严重，以至于不敢去面对，反而使得他以一种冒失的方式导致了不好的结果。其实只要正常面对，就会发现这件事情是可以解决的，并没有那么令人烦恼。

当你把事情交给一个人去处理，或者自己面临需要解决的某些问题时，要好好看一看自己的状态。如果你容易把一件事情交给一个冒失的人去做，那在某种意义上来说，你的内心其实存在着同样的问题。可能对你来说这件事情有点麻烦，你希望能够借助一个人帮你去抵挡一下，事实上每个人内心的困境是躲不掉的，这种简单的方式并不能让你免除内心的困扰，反而会因为你的躲避而更加明显。

即使你找到一个人，他很有可能比你更害怕，你也许只是担心，他可能连面对都不敢。换句话说，他比你的不确定性更高，这样就更容易导致一个令人很不满意的结果。所有的事情都需要我们回到自身，才能慢慢地化解。

40　性成瘾的人

性成瘾的人，就是在性方面比较放纵的一类人。

对性欲望的追逐上非常严格地要求自己，一定要恪守某种非常严格的标准，是很难的。但是我们也得看到，性放纵并没有带给当事人真正的快乐，也没有让他们积累什么经验，这样来看这种追逐其实是无效的。你对其他欲望对象的追逐，比如对财产的追逐，起码还有可能积累财富，这种积累对自己和社会也有一定的现实好处，但是过度停留在性的方面，显然没有意义。

既然没有意义，为什么还会出现性成瘾呢？如果一个人的状态或者发展始终停留在身体层面的需要上，而没有办法把这种需要转化成符号化的欲望需要，很可能是因为他没有办法进入到社会规则当中去获取一个身份。在某种意义上，陷落在对性的追逐上的人，他们不是把性当成真正的欲望，很多时候性对他们来说只是一种宣泄，一种对无力获取更加符号化满足的抵抗。

也就是说，在社会规则层面上，他不能获得想要的东西，不能获得一个足够让自己满意的社会身份，当然也没有办法获得一些社会资源来达成自己发展的需要，那么他就会倒退回来，停留在对性的不断追逐上。因为这是最便捷的，是身体与生俱来的能力。性带来的满足感既直接又强烈。

事实上，如果不在社会规则层面获得一定的位置，一味地停留在性上，那么性带来的满足感会越来越弱。慢慢地，性行为带来的满足背后会夹杂着失落和空乏，最后几乎没有满足感。

在性放纵的状态当中，我们比较容易看到两种情况：一是性成瘾行为背后的空虚和失落感；二是从外显的人格层面上来看，性成瘾的人往往不能承担责任，他不太能够将自己安置在某一个确定的社会身份上，虽然有时候他看起来有一个身份，但他内心不确定，从而有种空乏感。性成瘾的人要改变这种情况，需要将自己的社会身份固定住。换句话说，需要在社会规则层面做出更多的努力让自己获得一定的成就或成绩。这样，才能够避免所谓的性放纵。

41　什么是边界

有的来访者在咨询的期间会有一些所谓的"付诸行动"的现象。这些现象有可能出现在咨询的过程中,也有可能出现在咨询结束后或者在两次咨询之间。这类付诸行动的现象到底应该怎么处理呢?

在这里,首先要澄清一个概念,到底什么是"付诸行动"。其实,"付诸行动"从现象上来看跟一般的行动没什么两样,之所以这样称呼,是因为来访者来到咨询室,他一定是想要达到某一个目标或者说解决某一个问题。但是解决问题的过程当中,来访者做了很多有悖于实现目标的事情。这一类行动带有"付诸行动"的性质。

来访者的这些行动,破坏了他自己想要达成的目标。付诸行动是一种无意识反应,也就是说来访者在做这些举动的时候,他并不清楚正在破坏自己想要达到的目标。这种行动如果发生,会非常不利于咨询的有效达成,所以我们作为咨询师,必须能够识别并且处理这些问题。

那么,在探索"付诸行动"如何解决之前,我们还要澄清另一个概念：边界。边界这个概念在心理咨询的过程中经常被提及，比如边界被入侵了、边界被侵犯了等。当然，这里的边界是指自我边界，不管是咨询师还是来访者，都有自己的边界。边界是用来界定跟自己相关的权利范围或者利益范围的。一旦有人触碰到你的边界，也就意味着他会影响到你的利益、你的权利。同样，如果有人要跟你建立关系，那么他一定需要在一定程度上触碰你的边界，如果你完全把别人拒绝在边界之外，那就意味着你不想跟人产生关系。

当然，边界是有一定弹性的，它不只是一根紧绷着的弦，它应该是一个缓冲地带，也就是说，边界有一定的宽度。

在边界的外线之外，你跟人没有任何关系。当有人进入你的边界的外线，就开始跟你有关，慢慢地他会越来越往内，但是边界还有一条内线，在这条内线里你跟人也是没有关系的。也就是说这是你不受他人影响，是你自己核心的组成部分，如果一个人所有的地方都容易受他人影响，就不会有确定的自我身份认同、自我的确定感。

我们既需要有确定的身份、确定的感觉，又需要有一定的弹性，以此来跟他人建立一定的关系。跟来访者进行交流、沟通，其实就是在边界当中进行的。

边界是一个相对宽泛的缓冲地带，所有的一切在边界当中我们都能够看到。这其中发生的种种反应，能帮助我们去理解来访者是怎么回事，他试图想要跟我们建立一种怎样的关系，可以说，明确自己的边界到底是怎样的，是跟他人进行交流的前提条件。咨询师如果连自己的边界都不太清晰、很难守护，做咨询的时候就会很困难。

通俗来讲，一个人的边界是否有弹性或者是否清晰，根据他外在的行为可以看出来。比如，他在遵守某些标准的时候比较灵活，还是比较僵化？灵活就说明他的边界是有弹性的，跟人建立的关系能有一定的宽度；如果非常僵化，那就说明他的边界其实很狭窄，意味着他跟人建立关系的时候几乎没什么余地。对他来说，处理各种各样与内心有关的问题也会变得不太容易。

42　觉得深深"爱"上你的人

在咨询过程当中我们经常会遇见一种与"付诸行动"相关的现象：治疗室当中的爱情。

说到治疗室当中的爱情，作为咨询师应该都不陌生：来访者经过一段时间的心理咨询或者心理治疗，感觉自己深深地爱上了咨询师。也就是说，来访者在跟咨询师建立咨访关系的过程当中，把自己内心的一些理想化的愿望放置到了咨询师身上，以至于对他产生了一种想象性的情感，把他当成一个非常理想的对象。

这在一定程度上是脱离现实的现象，一般处理的方式是把它放到一个治疗的设置或者框架当中，不断地澄清并且坚守住这个设置的边界，慢慢地让来访者经历从理想到失望的过程，他会逐渐回归到现实，并且获得一种想象破灭之后却不会因此陷入想象中的绝望的能力。这也就完成了咨询的一个阶段性的目标。

在具体的实际操作过程当中，难免也会让人产生一些疑惑。我们可以很理性地认为，在心理咨询当中的爱情是一种想象，可是，我们也会说:"那什么样的不是想象呢?如果是真正的爱情,就不是想象吗?"好像也是想象。

咨询过程中所谓的爱情和现实当中的爱情,到底有什么区别呢?本质上来看,这两种关系好像确实没什么区别,只不过既然是咨访关系,它就有一个具体的目标导向,就是咨询师帮助来访者获取回归到现实中的一种能力。在现实当中如果发生爱情关系,来访者自己就应该有想象后回归到现实当中、对现实产生认知的自发性的能力。他如果来做咨询,又很容易产生这样的一个现象:来访者在产生想象之后,自己重新体认到现实的能力,有些地方可能有些局限、有些欠缺。所以,就需要咨询师帮忙。这是不允许爱情在咨询室当中发生的原因之一。

爱情的本质是什么?

克日什托夫·基耶斯洛夫斯基执导的电影《情诫》,也强调了爱情的本质:爱情是一个孩子对成人世界的窥视和向往,一旦他成人,就丧失了爱情。所以,爱情似乎是一个永远不能实现的愿望。当你成人的时候,你回望爱情会有遗憾;当你是一个孩子的时候,虽然拥有爱情,但是不能行动,它永远是一个不可触及的关系。

《一个陌生女人的来信》等故事,也在告诉我们:爱是属于一个人的事情,跟另外一个人无关。"我爱你,但是跟你没有关系。"这些都在一定意义上表明,爱情,是一个孩子对于成人世界的向往,是一个孩子对成人世界遥望或者偷窥时候内心的情感反应。两个人都觉得是爱情,其实只是对对方产生了想象,这种关系不会持续很久。当他们进入实际关系、进入到规则当中的时候,这种感觉就会慢慢破灭、消失，因为他们渐渐变为成人了。如果做咨询也算是帮助一个人成为成人的话，那在咨询的过程当中，爱情破灭也是一定会发生的。

43 想跟你发生性关系的人

色情性移情，大多数情况下是指来访者在心理咨询的过程当中，突然对咨询师产生了一种强烈的跟性有关的愿望，这往往让咨询师感到有些窘迫，甚至难以处理。

一方面，性是一种本能，每个人都会需要。另一方面，这在咨询当中是坚决不允许的。那么，遇到这种情况到底应该怎么处理呢？其实，这种情况跟前文讲的来访者觉得自己爱上了咨询师类似，但比较难处理。

在咨询当中，一个人产生了一种想要跟你发生性关系的强烈愿望，从理智上来说，你知道这坚决不可以，你需要遵守某种标准，可是你内心并不理解坚决不可以背后的深刻意义，这时候其实不太容易去化解这种关系，不能让这种关系转化成对达成咨询目标有效的、有益的关系。也就是说，即使在咨询室当中，来访者对咨询师产生了一种强烈的性愿望，我们也可以反过来使用这种材料去推动、澄清其中的意义，去帮助来访者实现他真正想要实现的愿望。

从原则上来说，这也是来访者的一种"付诸行动"，如果我们允许这种关系发生，是不利于来访者实现他想要达成的真正咨询目标的。一般来说，这类来访者来做咨询，往往是为了解决自己现实生活中缺乏亲密关系的问题。

当来访者对咨询师产生理想化的移情之后，觉得他渴望的亲密关系，在这里可以很快实现，于是突然之间就产生了一种强烈的愿望，想要跟咨询师发生性关系。他会产生这样的感觉，跟咨询的设置、咨访关系的相对简单有关。因此，在某种意义上，强烈的跟性有关的愿望和感觉，不是一种整体性的、全面的感觉。

产生性的感觉本身很简单，但是这种感觉所代表的意义是不一样的。一般来说，在我们所处的环境当中，如果两个人发生我们大家都认可的性关系，那肯定是彼此都比较深入和全面地接受，才愿意拥有这样一种亲密关系。

如果双方的关系只是一种局部的了解，这种情况下迅速地发生性的关系，往往不具有成长性的心理意义，因为当事人并没有通过性关系而更深入地拥有一种真正靠近对方，且与对方建立关系的能力。也就是说并没有改善亲密关系。所以，在咨询室当中不接受性关系的发生，这是其中一方面的原因。

性关系其实是身体层面的关系，我们要把它界定在符合规则和具有情感基础这两个条件之上。那么，一个人拥有了情感关系，同时又能够遵守某些规则，我们就认为他处于成人位置的状态。在这种情况下，我们会允许他，甚至鼓励他去发展亲密关系。

我们向成人转变的同时，会渐渐变得不能诉说自己。一方面，我们变得自由了，可以使用各种规则；另一方面，我们内心的某个地方并没有真正地去表达。我们说一个人成人的过程其实是符号化的一个过程，在某种意义上是逐渐远离自己内在感受的一个过程。在这种转化中，感受层面的一些东西在不断丢失。

当我们能够在规则当中比较自如的时候，又试图通过一种升级的关系想要再次体验到完整性，就是一个亲密关系或者性关系在社会层面上的意义。但是，咨访关系本身是非常局限与单一的，不能代表两个人有全面的认识。这种情况下发生性关系，一来不符合我们的规范，二来也破坏了使用咨访关系去推动来访者更好地成人化的过程。

如果说性关系是一个人在慢慢地完成规则的适应，成为一个真正意义上的成人之后回过头来弥补自己的完整性的一个方式，那么，这一方式对于来访者并不适用。因为他真正的困境往往是进入规则、使用规则时的，而不是已经完全能够使用规则，要来弥补完整性。所以，目标也是不一样的。基于这些考虑，在咨询当中是禁止性行为的。

44 试图脱衣服诱惑你的人

在咨询中有时候也会遇到比较极端的来访者，比如脱掉自己的衣服，试图以这种方式来诱惑咨询师。这也是一种明显的色情性移情。

那么，碰到这种情况该怎么办呢？咨询师都知道要制止这种行动的发生，那么应该如何制止呢？

你如果用行动制止，似乎就容易跟来访者发生肢体的接触，反而会陷入一种说不清、道不明的状态，容易让他觉得你跟他之间有了纠缠的反应。你如果置之不理，可能又觉得有点无所适从。其实，这个问题在操作层面上相对简单：咨询师应该迅速离开咨询室，并且让一个跟来访者同性别的助理到咨询室制止他的举动。

当然，我们需要对这种反应有更深入的理解。来访者在咨询室中突然脱衣服来诱惑咨询师，这到底意味着什么？他的内在动机和目的是什么？这是我们需要关注的地方。

在咨询室中，来访者的任何一个举动都有潜在的意义和目的。有的方式也许不恰当，试图获取另一种更加恰当的方式，就有赖于咨询师对他这个不恰当的方式背后的动机有比较深刻的理解。

从来访者脱衣服诱惑咨询师的这个举动中，我们显然可以看到一些问题：一是对亲近的渴求，一是试图迅速地成为一个成年人的状态。在他的想象当中，他如果完成了这样一个连接，有一种非常亲近的而且是成人化的性的连接——与咨询师发生关系，意味着他也成了一个成人。

如果有这种成人的渴望，在某种意义上来说，是因为他的内在容易停留在一种相对原始的、幼小的心理状态。也就是说，他内心其实是个小孩。这个小孩想要长大，但长大是需要付出很多努力的——要能够容受自己内心很多与身体相关的感受，包括性的感受和愿望；而且不要迅速地对这些愿望用行动化的方式直接加以表达或者直接加以满足。直接满足，只是获得了一种宣泄，说明处在心智功能不是特别成熟的状态。

如果有人在内心焦虑和倍感压力时用性的方式去释放和满足，这其实只是一种宣泄，这种宣泄并不利于真正的转化。想要转化内在的无助、烦躁、焦虑的状态，需要把引发这些状态的部分看清楚，把它们言语化。

同样，在咨询室中，来访者做出这样的举动，显然意味着他这个部分的言语化能力还不够，甚至离言语化还有一段距离，他在把身体的需求，包括性的需求转化成情感性的连接方面也存在困难，意味着他试图确认和咨询师之间的情感连接。

其实他不太明白，也不能真正体验情感连接到底是什么。他只能通过身体层面的感受性的反应，通过行动的方式产生一个关联，来确认他和咨询师之间有了关系。但这种关系因为没有被转化成情感，所以产生的感觉并不能够留存很久，这种行为也只是一种释放和宣泄。过后他又会迅速地陷入对关系和情感的不确定当中。这样，他会再次试图用行动化的方式来达到目的，因而变成一种性欲化的模式。这种方式显然是需要改变的。

面对脱衣服这样的来访者，我们需要理解，他是想要学习从内在的、原始的、与性有关的以及身体愿望上的，慢慢地发展与他人的情感关系。

同时，我们也要明白，他得先把这些身体愿望放在自己身上，并且在心里容受一段时间，这样才能够跟渴望的对象产生不完全建立在身体反应基础上的情感连接，然后才有可能进一步把它转化成言语化的状态。

45　给你送礼物的人

有时候来访者为了表示感谢，会给咨询师送一些礼物，也就是咨询费之外的送礼。原则上，我们建议不要接受来访者的额外礼物，这样有利于保持咨访关系的简单、单纯，不把关系弄得太复杂。当然，在特殊情况下适当收礼也并非不可，有时候也会对咨访关系的稳定起到作用。

严格遵守咨询的原则或者设置，坚决不收礼，会使咨访关系变得相对简单，也相对纯粹一些。事实上对方不仅仅是一个来访者，他也具有各种各样的身份。他跟咨询师建立的当然是咨访关系，但难免也会带上一些其他的印记。在他有需要的时候，会用送礼表达情感，如果咨询师坚决不接受，会被认为是对他的一种拒绝。特别是需要通过一些形式来感觉自己是被接受的来访者，如果完全拒绝他的这类表示，反而会使得咨访关系不容易建立。

到底应该怎么办呢？首先我们应该理解礼物的意义。送礼，无非是想要传达一些意思。

人与人之间的关系可以分为两大类。一类是遵守某种标准、某种原则的，为了共同达成某些利益的关系，或者说为了达成某些具体目标的关系。一般来说，在社会层面所建立的各种各样的社会关系，其实都属于这种关系。这种关系相对来说是比较理性的。

与之相对的，我们也会看到有另一类关系存在：情感关系。情感关系不是直接为了达成某些目标，更多的是为了感觉到自己的一些内在需求，比如拥有归属感、感觉自己并不孤单，等等。当然，这种关系的建立跟达成理性的目标也是有一定关系的，并不完全对立。

一个人生活在这个社会当中，这两种关系都需要建立，也必须有能力去建立这些关系。前一类关系用来达成一些具体目标，后一类情感关系用来慢慢地形成与自我身份相关的核心内在体验。所以，这些关系对于一个人能够具有良好的自我功能其实都是必不可少的。

如果来访者开始出现送礼举动，重要的并不是马上考虑拒绝还是接受，而是要理解他这个举动背后的意义：他觉得跟你之间的情感连接不够。

当然，也有可能是因为他对情感关系的需求比较高。如果他对情感需求的程度远远高过大多数人，咨询师只是因为遵守自己生活环境的一些原则，对他的礼物加以拒绝，就会让他产生一种受挫的感觉。所以具体问题需要具体衡量。

礼物，是连接在理智与情感之间的桥梁。对于来访者的送礼行为，我们首先得从内在去理解：这个人希望能够建立更深的情感连接。需要跟他确认：这些情感连接在实际生活当中是否必需；他是不知道该如何建立这种情感关系，还是在要求一种额外的、过度的情感关系。明白这些后，我们再考虑是接受他的礼物还是拒绝他的礼物，以支撑我们的咨询目标。

46 用言语攻击你的人

在咨询当中经常会碰到这样一类来访者，他们容易用非常粗鲁的言语对咨询师进行辱骂或者攻击。

来访者有很多情绪在外面不能表达，借着来做咨询的名义，义正词严地告诉咨询师：你必须接受我的攻击，我攻击你源于我本身就不受控制，这正是你要帮助我的地方，你不能禁止我。

比如，来访者找咨询师发泄，甚至有的时候不能控制地对咨询师有一些侮辱性的指责。面对这种情况，咨询师经常认为自己有责任去改变他们，而不是要求他们不这么做。如果要求他们不这么做，似乎自己就失去了作为咨询师的职责。

其实这种想法是错误的。咨访关系相对来说是一种各自负责的关系。咨访双方相对是平等的，各自对自己负责，任何一方都不能剥夺对方的权利。肆意地辱骂对方，不管是咨询师还是来访者，都侵犯了对方的权利，是坚决不允许的。一个人如果没有办法做到这一点，那就意味着他在遵守社会基本规范的时候是不能够控制自己的。

我们知道，在社会规则层面上，一个人如果不能够控制自己的行为，甚至给他人造成了一定程度的伤害，那他就要受到社会某些规则的制约甚至惩罚。也就是说，如果你在社会当中不能够有效地遵守一些基本规则的话，你将会剥夺你作为一个社会化的人的权利，这一点，不管在任何关系当中都是适用的。

在咨访关系当中也是如此，来访者如果以来解决问题为理由，而大肆地发泄，只能说明这个人其实并不想要改变，并且没有内省力。除去借机发泄的情况，一个人如果连一点内省力都没有，就说明他还不适合进行言语性的治疗。因为言语性的治疗相对来说是一种抽象的治疗方式。如果一个人做不到通过言语来反省自己，并达到控制自己的行为，就意味着他只能接受更简单的行动或者教导。他就像个小孩子，听不懂道理，也听不懂很多的话，只听得懂你告诉他应该这样做、应该那样做，无法享有太多的社会化的权利。

一个人如果告诉你，他根本就没有办法控制自己内在的情绪，那么他得接受，当这种情绪出现的时候，他就丧失了作为一个社会化的人的权利。如果他继续想要以一个社会化的人的身份出现，但又不能控制自己，他就会面临受到社会规则的制约或者惩罚的局面。

咨询室，虽然只是一种简单版的现实环境，但它也属于社会化管理的一部分，同样得遵守社会规则。

作为咨询师，完全没有必要以一种抱持的名义，去容忍来访者的不断辱骂。当然，我们也得理解这些人，他们有很多的情绪，而且这些情绪他们不太能控制，我们需要帮助他们一起去化解这些情绪。同时，我们需要衡量他们是否有能力跟我们合作。如果他们没有能力跟我们合作，意味着心理咨询对他们来说也许并不适合，不是我们一味地容忍、忍让就可以的。

47 比你先理解他们自己的人

咨询当中会遇到一些特别"理想"的来访者，也就是这类来访者能精准地琢磨咨询师的意愿，能够按照咨询师的意图进行工作，总之很符合咨询师的期待。比如，特别能够反省，也很聪明，很容易就能够领悟到咨询师试图想让他明白的道理，甚至在咨询的很多时候，一边告诉你他的事情，一边开始把他反思的成果告诉你。

比如，咨询师还没弄明白来访者经历的某些事件，或者在咨询室中发生的一些来来回回的沟通的意义在哪里的时候，他就开始自行反思。反思之后他总能得出一些领悟和结论，并且主动地告诉咨询师。而且这些反思所得咨询师也觉得很有道理。

但是问题来了，这类理想的来访者与咨询师进行了一个阶段的工作之后，好像该明白的道理都明白了，可是实际要解决的问题一直没能解决，他们并没有发生变化。这时候我们就知道，咨询其实并没有真正深入地发生，来访者看起来不断地有领悟产生，看起来很符合咨询师的期待，实际上他们这种情况属于过度智力活动的状态，就是过度用脑的状态。

过度用脑往往会回避很多情感性和感受性的交流跟活动。在咨询当中，虽然来访者看似不断主动地按照咨询师的要求做很多的努力，事实上，他是回避了当下的很多片刻去跟咨询师建立关系，并且接受这种关系带来的感觉和影响。

他的回避导致他只是用脑子在不断地工作，其实这就意味着，这个来访者在一定程度上不太愿意在咨询师的面前出现。所以你会发现，用脑子去评估他，他的工作、状态好像挑不出毛病来；如果用感受去评估他，他往往处于回避真正关系的状态。在咨询的过程当中，似乎你是不需要存在的，他一个人在那边不断地说、不断地分析、不断地得出结论，你什么都不用干，甚至很多时候他的理解比你快、比你深，你没有任何价值。

对于这样的来访者，其实他害怕且没有能力跟人建立真正的关系，他只能不断地用脑子来思考，以此来保证跟他人之间的距离，这才是他真正的问题所在。要解决这个问题，其实并不是要说他是如何产生那么多的领悟和理解的，这对他来说很容易，也没有意义，他真正要做的恰恰是放弃这些聪明，放弃这些善于总结、善于领悟的能力，从而非常直白、笨拙地停留在关系带给他的感觉里。也许，当他处在感觉当中的时候，他就开始显得笨拙，像个没有经验的小孩子，有的时候是无所适从的，因为他不知道该如何做反应，不像他在用脑子思考的时候游刃有余。

他应该学习如何在情感、感受上跟别人自由相处，就像他用脑子去思考问题一样。咨询师如果在这个部分帮不到他，显然是过度认同了他的智力活动，而忽略了他在情感活动和感受中的体验。

48　渴求拥抱的人

在咨询当中经常会遇到一些渴求拥抱的来访者。他们因为有迫切的内心困境需要获得一些支持和帮助，当咨询进行到一定阶段之后，他们的心理状态可能会出现退行，也就是心理年龄会变得更加小一些。这个时候，他们可能会出现一些希望被更深地、更加贴近地照顾的愿望，当然也会出现之前谈论到的对亲密关系的渴求。不管出现哪一种情况，来访者都有可能会提出一个要求，就是希望获得咨询师的一个拥抱，或者想要拥抱一下咨询师。

那么，碰到这种情况到底应该如何处理呢？很多咨询师会觉得这是来访者合乎情境的一种需求，如果拒绝会对他造成一种伤害，只要不是带有比较明显的色情性的反应，或者带有一种所谓的爱的情感，那么给他一个拥抱，不会有什么太大问题。

很多咨询师都会这么想，甚至在有些表达性的治疗当中，也并不排斥在一定程度上通过肢体接触去传递一种对来访者的关照。但是，在精神分析取向心理治疗（或称精神动力取向心理治疗）中，我们就不能这么简单地看待这个问题。

我们需要对获得拥抱的渴求有进一步的理解。当然，就这种愿望本身来说没有什么不正常。但是，咨询师是通过心理咨询的方式，试图在一定程度上帮助来访者把他内心的感受性的愿望——包括与身体相关的愿望——转化成跟关系有关的情感连接，再进一步把它转化成通过言语来表达的或与言语相关的表达的方式。所以，我们并不鼓励言语之外的其他形式的连接和接触，当然也包括拥抱的方式。

当然，我们可以跟来访者探讨这种渴望背后的真实需求到底是什么。这可以在一定程度上对他表达一种理解，但并不以直接的方式去满足这种需求。我们的目的就是希望能够把与身体相关的这种不容易言说的，或者说起来不够清晰的感觉，不断地进行发展，不断地转化成与言语相关的表达。这也是我们所认为的慢慢成长或者成人化的一个发展过程。

只有能充分地用言语表达各种各样的需要，包括原始需要，也包括与身体相关的幼年渴望的需求，才能推动他融入以言语为基础的社会规则当中去，才能让他在现实社会中去提高自己的吸引力。

所以，如果我们满足来访者那一刻对拥抱的需求，固然能带给他一些温暖，但只是暂时的，而且这个方式会模糊来访者向言语化发展和转化的趋势和方向。

虽然偶尔给他一个支持，可能也不至于使他不能再发展他的言语功能。但是，我们的方向是往言语方面推进的，我们要利用来访者试图想要停留在感受上，而不想往言语方面发展的节点去推动他，这样才能让他在咨询中用最少的时间来达成获取成长、适应环境，并且化解内心无法摆脱的很多原始渴望的困境。所以，我们并不赞同在咨询室中对渴望拥抱的人直接给予一个拥抱。

49　与你的助理聊天的人

有这样一类来访者，他们喜欢在咨询的前后跟咨询师的助理或者是前台闲聊，内容也不见得有多么深入，但这似乎成了一种习惯。这看起来没什么不正常，但是又会隐约觉得好像也是一个问题，那这个问题到底在哪里？或者说这种行为是否被允许呢？

对于心理咨询而言，有一个特定的设置或者说边界。这个边界除了跟咨询师直接相关的一些个人信息之外，其实也包括与咨询工作相关的一些必要的辅助条件和人员，比如前台、咨询师的助理，因为他们也是整个咨询环境的组成部分，也是涵盖在整个咨询的情境之中的，不能把他们看成与咨询完全无关的独立的工作人员。虽然一般情况下他们不会影响到咨询，但是一旦他们被利用，也有可能会产生不利的影响，甚至具有破坏的作用。

来访者喜欢跟咨询师的助理或前台拉家常，很可能是一个破坏性行为。他也许试图去突破一个边界，突破咨询师维持咨询关系的必要设置和边界。如果你允许这种情况存在，那么边界就会显得模糊不清。

心理现实与社会现实之间的边界到底应该如何界定，哪些部分在咨询当中应该被看成是心理现实，哪些部分在咨询的时候需要被看成是社会现实？

来访者跟咨询师助理聊天，很可能是想把咨询师助理的社会角色模糊掉，让咨询师助理变成一个跟他关系平等的、纯粹的，不带有社会共鸣角色的社会自然人，他试图去除咨询当中与社会功能相关联的微弱部分。

你给他做咨询，其实很大程度就是为了推动他能够适应一个社会角色、发展一种社会功能，然后成为一个成人。那他为什么要去除咨询当中的一个具有社会功能的部分，比如把前台看成跟他一样的状态呢？显然这背后是有意义的，这是他的内在对于要成为社会化状态的抵触。

另外，他跟助理拉家常，也可能是亲近的一种表达。他在社会规则层面，习惯于用这种方式去建立关系。这恰恰反映出他的一个困难。

对于咨询师来说，需要提醒助理，他们跟来访者之间同样不可以有复杂的关系，只需要完成基本的跟咨询相关的功能，比如预约之前的确认以及约定的更改，等等。除此之外，不要去跟来访者探讨太多生活当中的事件，因为那超过了咨询助理角色的范围。

50　与你的助理约会的人

有的来访者试图在咨询前后跟咨询师助理或者前台聊天，还有的来访者试图跟他们约会，发展一段情感关系。当然，这看起来好像是成年人之间的事情，即使你是咨询师，也无权干涉，他们也经常这样质疑咨询师。

比如，当你对来访者说不应该跟你的助理发生情感关系的时候，他会明确地质疑你："我是跟你做咨询，并不是跟你助理做咨询，为什么我不能够跟你的助理建立两个成年人之间的关系呢？"听起来好像有道理，事实上我们已经说过，咨询师助理其实不是完全独立的与咨询无关的一个人。在这一点上，是来访者自身对咨询的边界认定不清。当然，他可能是在用这种方式挑战咨询师，看咨询师对咨询的边界是否有清晰的认识。

来访者跟咨询师助理聊天，可能意味着他想要突破边界，想要停留在原来的情感的沟通状态。如果来访者想跟咨询师助理发展一段关系，咨询师知道的话，对咨询师来说就好像是一个挑战；有些时候，他不让咨询师知道，这就变成了一个秘密——他在咨询关系当中制造了一个秘密，这个秘密咨询师并不知道，但是对咨询产生了影响。这种情况需要咨询师及时地发现、确认，并且面对。因为来访者在这样一个秘密的基础上凝聚起来的自我并不真实——这种凝聚躲避了咨询师的目光。

咨询师的目光在某种意义上代表的是一个社会性的规则，是在社会性的普遍意义上的一种反映。如果来访者建立的秘密，以及他在这个秘密的基础上形成的自我的确定感，是在回避普遍意义的目光的前提下，那他形成的自我当然就见不得光，又怎么能够去适应社会环境呢？

一方面，如果他要去面对社会性的普遍目光，并在这个基础上形成一个确定的自我，那一定程度上就要获取他人的认可；另一方面，在这些目光之下拥有真正属于自己的核心体验，也就是秘密，有一定难度，也需要时间，甚至要面对种种无力感以及内心很多比较原始的感受。但是，他在一个貌似符合咨询规则的前提下偷偷地建立这样的关系，使它变成一个秘密，好让自己获取存在感，甚至挑战咨询师："这是我跟一个成年人的事情，你是不能来干涉的。"以此来假装自己已经变成一个成人。这种情况往往是对困难的躲避。

他所提出来的这个前提假设其实并不存在，咨询师要明确地予以识别，如果他已经完全具备社会意义上的成年人的种种功能，并且没有任何的困境，他是不需要做心理咨询的。他来做心理咨询，显然他有个地方需要暂时性地发展一下，也就是说，他成人化的部分稍有欠缺。在这种情况下，他并不清楚自己的欠缺在何处。他需要接受咨询师的建议，如果他完全拒绝，并且给予他多次解释都无效，那只能说明他并不想真正地改变自己。这一点咨询师要认识清楚。

当然，咨询师也需要对助理加以培训，让他们非常清楚地了解这些事情。助理工作看起来简单，其实也是咨询中的一部分，并非与咨询工作无关。

51　治疗中的"行动者"

我们前面提到的关于来访者在咨询室外的一些行动，比如，与咨询师助理约会、跟咨询师助理闲聊。再如，有时候莫名其妙地问起咨询时间、有时候迟到，等等。这些行动化表现都是一种阻挡，妨碍来访者自身发生一些他需要的改变。他通过这些行动来消散内心推动他去改变的感觉，但是整个过程他不一定能够意识到，是无意识的。这种行动化表现为什么会发生呢？

作为咨询师，需要在心理层面上看看，来访者从小到大在表达自己愿望的过程当中到底经历了哪几个过程，他现在处在什么样的状态里。

对于一个小孩子而言，比如一个婴儿还没学会说话的时候，他也会有愿望，他的愿望是由自身的生理需要所驱动的。比如他饿了、冷了，他需要把这种感觉消除或者改变，这就产生了他的一个原始愿望，但是这个愿望是没有办法用言语来表达的。他不会说话，他甚至都不能够真正地向他之外的某一个人提出一个要求，因为在那一刻他意识不到除了他之外还有别人，他还是婴儿状态。

他会干什么呢？他可能只会哭。他的哭并没有倾诉的成分，只不过他的照料者听到他哭就会理解他有一种需要。小孩子哭这个行为本身并不是一个请求，并不是他有意识地希望别人来为他做什么，他只是因为有难受的感觉，他只能用哭来把那种难受的感觉除掉。这种哭是一种想把内在的感觉扔出去的行动。

这种性质的行为，我们统一称为宣泄。宣泄也能够让人变得不那么焦虑。小孩子一哭，照料者很快就会帮助他改变那种不舒服的状态，比如给他吃的、让他变得暖和一些等。在这个过程当中，他就开始意识到除他之外还有另一个人，这时他从婴儿浑然一体的一元关系状态开始进入到有你有我的二元关系状态。

进入二元关系状态以后慢慢就会发展一种情感关系。原来只会宣泄，这个时候感觉到自己有需要就开始向对方请求，甚至要求对方保证出现，这就变成一种情感需要。所以，身体层面的需要越来越多地被转化成了情感需要。

转化成情感需求有什么好处呢？任何人都没办法控制身体需求，但是如果变成两个人建立一种关系，就开始变得相对可控，当然只能是相对的。因为人都有自己的意识，你不能完全控制他。在这个基础上进一步发展才有可能慢慢地进入更加成人化的状态，也就是说能跟别人建立起一定程度的情感关系，也能请求获得回应的状态。

当然，如果他的需要对方越来越回应不了，总会让他失望的，于是他就会想办法让自己找到另一种更加可靠的方法，这时候他会进入一种社会规则体系，或者说三元关系状态。他不再依靠一个人，不再向另一个人请求，他开始向规则靠拢，他希望依靠规则，因为规则是照料者和被照料者都需要遵守的。这时候，被照料者通过依靠规则就会感觉安全。这就进入了一个学习规则的过程，这个过程其实和学习语言的过程是同步的。

学习规则跟学习语言从心理层面上来说其实是一回事，学习语言不只是会说几句话，而是能够用言语来表达内在感觉层面的种种需要。这是一个不断转化的过程。如果言语连接不上内心和身体的感觉，那这时候言语在一定程度上就是无效的。

来访者在言语无效的时候，就会出现行动化的表现。作为咨询师，一定要知道这种现象背后的意义——来访者内心的、没有意识到的跟感受有关的愿望。我们要明白，来访者是不能很好地使用言语表达自己，同时也不能很好地适应社会规则，意识不到或者不清楚自己内心、身体层面的种种感觉到底是什么，才导致了行动化表现。

52　带配偶进入咨询室的人

　　来访者一开始是个体咨询，他有困难来求助，咨询师接住了他。比如来访者有情感问题或者关系问题的时候，你会发现他的困境，并非完全是来访者的责任，而是亲密关系或家庭关系中的两个人共同造成的。来访者听后，就会萌生出一种念头甚至采取一种行动——直接把他的配偶带到咨询室里，有时候他会征求咨询师的意见，有时候甚至不征求咨询师的意见。

　　咨询师面对这种情况的时候会非常困惑。他要解决的来访者的问题，确实是由两个人共同造成的，他把配偶带过来从道理上来讲也没什么不对，但是他突然带一个人过来，会改变咨询的设置。

　　改变咨询的设置是从专业上来论断的，如果来访者质疑说现在主要是解决问题，并不是为了维持某一种设置，那你怎么回应他呢？你会说他这种做法其实是不妥当的，可是到底为什么不妥当，很多咨询师可能不是特别清晰。

　　一个人来解决他的情感问题，这个问题是两个人共同造成的，都有责任，意味着每个人都有需要改变的地方，这跟对方没有关系。换句话说，双方的关系变成一种困境当然是两个人都有责任，但是就来访者自身而言，他在建立关系的过程中其实也有困境，这个困境并不是对方造成的，可能跟他的成长经历或者原生家庭有关系，只能他自己努力去改变，没有办法通过对方的行为来改变。

一般情况下，在咨询的过程中，在改变自身困境的过程中会遇到困难，这时来访者容易出现躲避、回避——他把自己需要解决的困境等同于两人关系的困境，这其实是不一样的。

来访者的困境造成了关系的困境，他自身的困境是一个原因，关系的困境是一个结果，这两种困境是不能画等号的。有时候咨询师没办法看到这一点，认同了来访者的等号，接着就陷入了困境。在这种逃避状态下，即使咨询师接受来访者带着配偶过来，也会发现问题很难解决。

关系的困境需要双方各自努力去解决，两个人的困境都解决了，关系的困境自然就化解了。如果其中一方把自己的困境解决了，那他们的关系自然就会有变化。如果这种改变能够推动对方改变，关系就能有好转。如果一方的改变并不能推动对方改变，也许他们的关系就会结束或者告一段落。

亲密关系中的一方做出了属于自己的改变，承担了自己的责任之后，对方也会面临一个决定：改还是不改？如果决定改，也许能继续发展他们的关系；要是决定不改，他们的关系也许就会断裂。这个时候来访者原有胶着的关系状态自然而然就会发生变化，虽然这个变化的结局未必能够向着咨询师想象的美满方向，但是来访者一定能够摆脱当时那个僵局。

咨询师不对关系发展成理想状态而负责，只对让来访者清晰在关系当中双方要承担什么责任负责。来访者要不要改变，这并不在咨询师的能力或者权利范围之内。当来访者带上配偶来到咨询室时，咨询师应该让来访者明白他这样做是一种回避，虽然造成关系困境两个人都有责任，但走出自己的困境、解决自己问题的过程当中其实并不需要对方的配合。

53 带着父母来咨询的人

有的来访者带着父母一起来做咨询，因为他觉得自己的很多问题都是父母造成的，如果父母能够有所改变，他的问题就能消除。

很多咨询师在这一点上也很容易认同来访者。来访者成为今天这个样子，确实可能是因为当年他的父母没有给他相对来说比较恰当的照顾。假设父母能够改变的话，来访者的问题好像确实更容易解决。

从这个逻辑上来说没问题，可是在现实中会存在这样的问题：来访者邀请父母过来或者带父母进入咨询室，他希望借助父母的改变让自己好起来，这其实是在逃避他自己需要改变与付出的部分。换句话说，父母曾经在某些地方没有给到他足够的照顾，现在他想让父母变得理想化，即使父母非常配合也确实变成理想父母的时候，他就会再一次回到孩童状态，好像重新被父母养育一遍一样。

事实上，因为曾经获得的不理想的照顾，他已经成了今天这个样子，这种状态已经成形，即使父母有了改变，从前在他心里留下来的印记，如果不通过他自己的努力，是改变不了的。所以自身付出努力去改变是不可回避的，不然他还会是老样子，唯一的改变只是父母变好了。带父母来做咨询只是一个逃避的借口，他不愿意为自己成为这个样子而负责。

每个人必须为自己成为的样子负责，这并不是说造成这个局面完全是他自己的责任，而是说只有负责的态度才能够让他找到一个起点，让他可以从现在这个位置改变自己，变成他自己想要成为的样子。对自己的负责，不是制造一个结果，而是制造一个起点。如果他把对自己负责看成一个结果的话，很容易产生一种不公平的感觉：明明是当年父母的问题导致我变成现在这样子，为什么责任该由我来背呢？但现在这个责任确实落在他自己身上，因为他想要改变就得自己去承担。当他能够承担的时候就会获得一个可以动起来的机会。如果他死死拽住父母的问题："这是他们造成的，必须他们帮我挪走。"父母不理想的状态已经产生出一个结果，这个结果他们挪不走，他们只能不再继续产生影响，这是他们能做的最好的事情了。

对来访者来说，他能够看到自己受到的影响，然后做出改变自己的决定，这是很有意义的，也是他能够成为自己的唯一途径。父母给他留下的所谓的不好的问题，其实也是他成为自己的一个材料。如果没有父母留给他的这些，他也就失去了成为自己的一个机会。假如父母非常理想，他不需要自己克服困难和解决问题，那他如何能产生属于自己的体验、感受和自我存在感呢？

来访者带着父母来咨询室，希望借助父母的变化来让自己发生改变，这是咨询中的一种巧妙的逃避方式，并不是一种能产生实际意义的可行方法。如果是做家庭治疗当然要和父母一起来，可是这种咨询也需要每个人都充分意识到自己需要改变，如果内心不是自愿的依然是无效的。每个人都需要有自主性，不管是进行个体治疗还是家庭治疗，这一点是不变的。

54 带着婴儿来咨询的女人

有些女性来访者会带着自己的孩子来咨询室。当然这些孩子一般来说都比较小，往往是婴幼儿。来访者可能会告诉你：今天好像很特别，没有办法，没有人带孩子，她不想错过一次咨询，只好带着孩子一起来。有时候她会告诉你：孩子本来已经托付给保姆或者其他人了，但是那个人临时有事，她只能把孩子带到咨询室。

作为咨询师，因为多了一个人出来，虽然是很小的孩子，可是这并不在你原本设定的框架内，其实是有一个"第三者"出现了，这时候你就需要去考虑一下，这个"第三者"的意义在哪里？一个不能够自主也不具有真正独立身份的婴幼儿，随着母亲一起来到了咨询室，这对来访者也好，对咨询师也好，到底意味着什么？

从身份的角色定位上来看，一个母亲带着她的孩子来到咨询室，很大程度上是为了让自己能够适应现实，也就是试图让自己能够更好地融入社会规则成为一个成人。成人是一个社会身份，她在情感层面似乎没有办法跟这个孩子分开，这其实代表着一种抗拒，她不太愿意真正地让自己成为一个成人，但是她又没有办法表达，所以她只好表现得被一个孩子牵绊住了，好像这个孩子是她成为成人的绊脚石。

来访者带着婴儿来咨询室，给咨询师出了一个难题，让咨询师一时不知道该如何反应。在咨询师看来这样做肯定不恰当，如果不做反应又处于一个困难的境地：对于婴儿跟母亲没有分离的状态，咨询师无能为力。

作为咨询师，如果你对此不知道如何反应不是因为没有办法，而是在那一刻你的来访者突然之间"不见"了，她呈现在你面前的是母婴之间的一种关系，而不再是渴求获得独立身份的个体。

另外，她带着婴儿到咨询室，可能是想宣告她现在仍是个孩子，不是一个成人，但是她又不太愿意面对这一点，只能用这样一个"付诸行动"来表达。

这个孩子会阻挡来访者和咨询师进一步发展关系。这类来访者往往有发展亲密关系的困难，而且不能面对，这时候把孩子拉过来放在两个人中间，好像就天然地形成了一个障碍，这会让很容易产生反应的咨询师觉得有些不自在，这就形成了一个阻挡，刚好为来访者想融入社会规则成为一个成人但又抗拒成为一个成人找到了原因。

如果来访者带孩子过来，咨询师需要很严肃地告诉她，这样不行，需要她妥善安置了孩子，咨询才能进行。既然她要做个体治疗，前提就是她至少在进入咨询室之前应有行为责任能力的精神状态，否则就没有办法进行平等的成人化的个体咨询。

55 不能准时离开咨询室的人

没有办法准时结束咨询，多半是来访者在咨询临结束前突然抛出一个重要的议题，或者是处于一种不太能自控的情绪状态，让咨询师觉得如果在那一刻结束咨询似乎不太恰当，不能把一个不能够为自己负责的来访者抛在半路上。

遇到类似的情况应该怎么办呢？从道理上来说很简单，咨询师要把咨询拉回到设置的框架之内，也就是回到准时结束的状态中。但是要做到这一点，首先得理解为什么会有这种现象出现，这些来访者为什么会在临结束前抛出重要的议题，或者有意无意地让自己处在一种无法自控的情绪状态当中。

当然，你可以想成是他不愿意结束这段关系。但是更深入来看，不能够准时结束咨询，意味着来访者似乎并没有通过这一次咨询的时间把想要说的东西说出来，自然就结束不了。

他虽然不断地表达，但这种表达并不清晰，他依然没有找到真正想表达的感觉。这也反映出他潜意识当中对于真正存在的问题的回避，他并不想碰触那个重要的问题，尽管他说了很多话，却并不能在这些话语中寻找到意义。

这种情况如果是在神经症水平，来访者可能是有强烈的防御心理，以回避为主，不愿意去表达自己内在真正重要的感受和体验。如果更加严重一点，从人格水平上来看，可能不是防御的问题，而是他并没有形成可以诉说的内容。

一次完整的表达由两个部分构成。一是表达者所表达的内容，也就是一个人的内在体验和感受。这些感受有可能是被意识到的，也有很多是没有被意识到的。另外就是表达的场所。比如一个人有了表达的内容，那得找到一个适合表达的场所把这些内容完整地表达出来。

对于一次咨询来说，表达的内容当然是来访者内心可能有所回避的感觉和体验，表达的场所应该是在咨询室中，并遵守设定好的咨询时间范围。如果来访者有表达的内容，但是非要在设定好的时间之外去讲述，这其实不能构成真正意义上的完整表达，这样的表达多半没有太大意义。

如果咨询师同意他以这种方式表达，或者他在临结束前讲一点重要的东西，咨询师在超出咨询时间的额外时间段给出回应，从表面上看他会因为获得了一些额外的照顾而感到满意，但是我们仔细地深入体验会发现，所有的额外照顾其实都是对于真正照顾的否定。

为什么要进行额外照顾呢？这无形当中就在表示，那些在正常范围之内的照顾是没有意义的、不够的、被否定的。这样就使得咨询设置当中的那些时间段变得无意义。对来访者来说，他的意义似乎就只在咨询之外那延长的几分钟。所以，他不能在规则之内的时间和场所跟人发生真正有效的关系，难以适应和回到正常的社会现实中去。

　　额外的那一点点照顾是远远不够的，并不能替代在正常范围之内的那些照顾，所以我们不建议延时咨询，主张尽量回归到咨询时间里，在设置的框架中表达彼此的反应、传递照顾，同时表达诉求。

56　指控你不关注他的人

在咨询中会有这样一种情况，来访者不断地指责咨询师不够关心他、不够重视他，也不够照顾他，并且还会举出很多具体的例子，比如咨询师不记得他上一次咨询曾经提到的一个事件，他每次咨询都处在孤独状态，丝毫感觉不到温暖，咨询师并没有传达任何情感给他。

很多咨询师会认同来访者的指责——不管自己客观上是否照顾到他，但他主观上没有感觉到被照顾，并把它当成事实加以接受，从而产生内疚和自责，或者觉得自己确实没有尽到责任，尽管已经尽力了。

这是一种错误的认同模式。首先来访者表达的未必是他的真实体验，或者只是他真实体验的一部分。因为对他人不信任或对关系不信任的来访者，没有能力体会到他人对自己的关心。也许在早年的时候他并没有获得这种关心，使得他对这种关心是陌生的，而面对陌生的东西每个人都会产生恐惧的心理，因为这些是不可控制的。

当关心到他面前来的时候,他是不敢接受的,拒绝是最有可能的反应。他会处在一种矛盾状态:一方面他不断地向你表达他需要获得你的关心和照顾,另一方面当你试图跟他靠近的时候,他会突然表现出强烈的排斥。

他的这种排斥很可能会表现为对你的指责和不满,也有可能让你不断地努力对他更加关心、更加细致。可是,你这样做并不能完全化解他的指责,他只是在这种胶着的状态和不满意的情况中慢慢地呈现出一种重复。很有可能他早年就是这样被父母不断地指责,进而被不断地放弃,所以他以这种方式让咨询师从内在去体验他幼年的状态,但他自身并没有意识到这一点。

咨询师理解了这一点后,就不能一味地把他的话当真,也不必用力地去理解他、关心他,你越是强烈地关心他,他的恐惧就越严重。因为当你表现得比之前更加关心和照顾他的时候,也就意味着你对于自己之前所表现出来的照顾和关心带有一定的否定,你的更加关心只会让他感到更难承受,并不会觉得更好。相反,你应该停留在原有的关心模式和程度上,不要因为他的反应做太大的改变,这样才能够给他提供一种稳定性。

你要相信自己,你对他的关心是真实的,也是足够的,更是合乎常规的,不需要过度认同他,认为他需要更多的关心。一个幼年没有被好好关心过的人,他固然需要很多关心,事实上他无法承受相对于其他人来说更大程度的关心。

如果关心蜂拥而至,他整个人就会被淹没掉。越是没有获得过关心的人,越是需要从很小的地方开始获得,我们不能一下子给他强烈的补偿。这并不能解决问题。他需要去学习如何接受他人的关心,如何识别他人的关心，然后慢慢跟他人建立关系，以摆脱强烈的被淹没的状态。来访者把自己完全变成婴儿状态，一味地接受他人的照顾，根本就没有任何可付出的能力。这样其实无益于他回归到现实中去，现实中需要交互式的关心和照顾。对于缺乏关心的人来说，咨询师在给出关心和照顾的时候要放慢节奏，切忌一下子大力付出。

57　不让咨询师插嘴的人

有这样一类来访者,他们最直接的表现是不断地诉说,几乎不给咨询师做出反馈的机会。

他们习惯于在咨询室当中大段地陈述自己的事件和经历,希望咨询师在旁边安静地倾听。他们的诉说往往不带有意义,就像一种赘述:不断地重复着各种各样的事件,这些事件像漫天飞舞的碎片,并没有被串联和凝聚起来。有些事情跟来访者也没有太大关系,他不断地讲述,他不能停下来,一旦停下来他就会非常焦虑,因为他不能消化和转化自己接触到的来自各个方面的碎片信息,他也没有办法控制自己。

他就像是一个垃圾桶,装满了垃圾。他没有办法转化和整合信息,让它们变得有序并且能够被筛选,他也不能寻找出对于形成自我有意义的信息,更不能把那些跟自己无关的无意义的信息排除出去。所以他选择接受外在的所有信息,这造成的唯一结果就是他不能承受,他被那种无意义感充满,但他并不知道这些。

他要做的第一件事情就是把这些垃圾扔掉，咨询室似乎就变成了他倒垃圾的场所。把这些东西清空以后他可能会轻松一些，可是这并不能真正地帮助他发展出去选择、消化无处不在的信息的能力，于是他一次又一次地来到咨询室，一次又一次地倾倒他的垃圾。每次都会被他倾诉非常多的碎片信息，咨询师试图去整合这些碎片信息的时候往往得不到来访者的回应，整合通道有可能也被很多无意义的碎片信息堵塞了。

可见，当咨询师试图对这些来访者做出反应的时候，他们是不愿意接受的，倾倒好像是他们唯一的诉求。其实这属于一种无序、无规则的状态，来访者不知道应该遵循什么样的规则和路径来处理自己的这些情绪。来访者会说："你作为咨询师，我现在对你的期望只是让你能够好好地倾听我，如果你连这个都不愿意做的话，那你还算是什么咨询师呢？"很多咨询师无法做出反应，只好认同来访者，认为自己应该先学会倾听来访者，于是就被固定在那个地方动不了了。

很多咨询师都会受困于这样一种情况。事实上，作为咨询师，你要看清楚，倾听不只是用耳朵听，还要有很多整合功能。当你发现在倾听的过程当中整合的部分完不成，捕获不了倾听内容的意义和价值在哪里的时候，需要先帮助来访者了解表达要有指向，即指向一种意义、指向一种价值、指向一个目的，而不是漫无目的地不断诉说。你要帮助他慢慢地去建立起这样的觉知。

如果来访者处于不断讲述的状态，他是听不懂你的反馈的。在某种意义上，不断倾诉的这类人并不具备正常的言语功能。在不具备正常言语功能的状态下，如果你用正常的言语对他做出回应，他是接收不到或者听不明白的。

对这样的人来讲，需要更加简单的规则，你要明确地告诉他如果想改变的话，在某些地方他得先听从你的安排。

我们固然主张在咨询室当中双方关系是平等的，可是也得看来访者的状态是否可以承担和胜任这种平等的权利。如果他整个状态非常婴儿化，根本没有能力承担自己的责任，硬把他放在一个给他权利的地方，他是无法胜任的，反而会导致你的工作无效。这就像你给予一个婴儿平等、自由的权利，并和他对话，但他不能从这种对话当中获得真正的帮助。你要识别出来这类来访者就是小孩，你不能把小孩当成大人，你要以对待小孩的方式进行工作，而不是以成人的方式对孩子进行工作。这样你才能中断来访者的诉说，让他听到对他有用的反馈，而不是一味地让他向你倾倒"垃圾"。

58　沉默的来访者

在咨询当中沉默是一种常见现象,到底什么情况下沉默是一种阻挡,什么情况下沉默又是一种有意义和有价值的现象呢?这就需要我们实时地体察。

与滔滔不绝不断输出的来访者正好相反,沉默不语的来访者,不管你如何对他做邀请,他都显得非常被动,根本没有办法表达自己。这种沉默现象从本质上来讲是来访者根本没有办法进入语言化的状态,他没有办法用语言、符号去恰当地表达自己,也许他心里面觉得有话说,但总是说不出来,好像有一种无形的阻力。这代表他不太愿意进入语言层面,因为进入语言层面就意味着在情感层面上需要切断一些联系,于是他用了这样一种象征化的替代或者表达的形式。

我们知道,越是用象征化的手法表达自己,在感受和情感层面上越是会不断地分离。对于那些处在依赖状态的人以及融合状态的人来说,他们是不太愿意用清晰明确的语言来表达自己的,在咨询中有可能就会处在沉默状态。

如果你请他说点什么,他会表现得非常茫然无措。他希望你问他问题,希望你来告诉他应该说什么。虽然看起来他能回答问题,但他心里并没有想要诉说的心事,完全是被动的,这代表他处在依赖或者融合的状态中。

成为一个成人,必须能够主动地使用语言,这是一个标志。一个人如果希望主动地表达自己,他首先要学会辨识在哪些情况下可以说什么话。这其实就是一种学习社会规则的状态。如果学得比较到位,他自然就能很好地适应社会,会获得一个社会身份。否则,就会陷入困境。沉默不语的来访者往往就处于这种不能很好地进入社会规则的状态中。

这也说明他内心并没有真正有效的秘密。一个人要成为自己,核心就是拥有类似于秘密的自我体验和感受。如果你有内在的秘密,你就会试图把它表达出来,它不一定是一件具体的事件,很可能是通过多个事件所获得的某种内心体验。当一个人试图把它表达出来的时候,他是想要获得别人的理解的。

任何人要成为自己,都需要这样一种性质的秘密,但是对于这些沉默不语的人来说,他们偏偏缺乏这样的秘密,他们会有一种无倡议的反应,就是以这种不说话的状态去营造一个形式上的秘密。一个人不说话的时候,你不会明白这个人到底处在什么状态、他是谁、他心里有什么想法。他以这种方式获得的某种秘密其实是空洞的,建立在这种不具有实质性意义秘密基础上的身份肯定也是无法表达出来的。所以这是无效的秘密,是来访者无效的沉默。

有些时候,咨询室中需要有效的沉默——"创造性沉默",也就是当你跟来访者互动,跟他贴近,让他慢慢靠近自己的真实反应时,他产生领悟之前会有一个片刻,语言突然之间就消失了。

在这个片刻你要选择等待,否则他又会出现无效的表达,因为这时候他内在的感受还没有产生,语言就会成为一个障碍。我们在传递感受的时候,虽然通过语言不断地表达,如果一种感受真实地被传递给另一个人,往往是非语言性的。

当对方能够在语言上跟你贴近的时候,他的感受也会跟你越来越贴近,在这个片刻,让语言走到尽头并催生出一种新的内在体验。

59　在咨询室中来回走动的人

有的来访者会在谈话的过程中突然起身在咨询室里来回走动，不能持久地坐在椅子上。这种情况多见于来访者情绪激动的时候，也就是他承受不了某种情绪的扰动，想通过躯体的运动来释放一下。如果这种情况经常出现，可能还带有更深的意义。

从现象学角度来看，来访者离开他的座位在咨询室中来回走动，会给咨询师造成没有办法确定他位置的状态或者是感觉。来回走动的行为是来访者内心反应的一个投射，咨询师对此有所认同的话，容易出现焦虑反应。

我们知道，焦虑反应与身份的不确定感有关，来访者不愿意继续待在座位上意味着他不愿意处在来访者的角色上，很可能这个角色带给他的确定感让他感觉到不熟悉或者不舒服，他想要摆脱，以至于让他处在不确定的状态。当他在咨询室中来回走动的时候，咨询师就没有办法确定他的位置，也就没有办法确认双方在这种状态中的关系。当然这也意味着来访者拒绝进入一种比较稳定的关系状态。

这也属于亲密关系中的困难，意味着他不能接受两个人即将进入一种更加靠近的关系。这其实是一种恐惧，所以他试图通过摆脱自己身份的方式来拒绝即将发生的比较亲近的关系。

这种情况该怎么处理呢？我们可以允许来访者适当地释放焦虑。他没有办法承受，硬要让他在那一刻马上坐下也是不现实的，他的心理功能不能容忍那一刻他心里的情绪。

当然，我们也要提醒自己，这是不是意味着，我们想要通过一些话题或者沟通交流，使咨访关系往更加亲近的方向发展，而来访者还没有做好准备，所以他以这种方式来表达自己？当然他内心肯定也有发展的愿望，只是在节奏、时机上他还没做好准备。

咨询师理解了这一点，就可以让自己处在比较放松的状态，这样咨询师的位置就会更加确定，焦虑就不容易产生。一般来说，来访者在咨询室当中来回走动如果引发了咨询师的焦虑，双方就形成不了稳定的关系，也就会构建不了咨询作用发生的场所。

所以，咨询师得让自己先安定下来，摆脱焦虑。只有咨询师确定了位置，就算来访者再怎么来回走动都没关系，他也会慢慢地被引导到一个他容易接受的位置待着，并开始去建立一种新的亲近的关系，产生一些新的感觉。

当他能够在这个位置很好地跟你相处的时候，他就有了建立亲近关系的能力，焦虑就不会再出现，意味着跟以往相比，他能够在一个更加近的距离内跟别人建立关系，并且获得自己熟悉的位置，即这个距离范围内的确定身份。

这是在咨询室当中来回走动的来访者可能会带来的干扰，以及咨询师的应对方式。简单来说，咨询师自己要先稳定住，摆脱自己的焦虑反应，然后才能消除来访者在这种障碍当中的焦虑。

60 不断看表的人

在咨询中，有一些来访者会时不时地看表。表面看，好像是他们对于什么时候结束总感觉到不能确定，其实是他们很想要逃离当前的情境。也许，咨访关系让他非常紧张和焦虑，所以他想离开这个地方，象征性的表现就是不断地看表。这当然是一种最简单最表面化的理解，实际的情况可能要更加复杂一些。我们如何理解这种现象？不断看表的意义在哪里？

除了刚才所说的，更普遍的是来访者想要确认自己的位置。来访者在诉说、交谈的过程中，突然之间不清楚自己置身于何处，找不到自己的方位，就会出现焦虑的反应。

而他的第一反应当然是想逃走，他想离开，这是容易意识化的部分。无意识的部分是他想要引入一种规则。我们知道，时间是一个比较恒定的规则的体现，它不会改变，每个人的时间都是一样的，一分钟就是一分钟，一个小时就是一个小时，不会在不同人的面前变得标准不一样。所以他试图引入一套标准，好让自己可以有一个参照，把自己固定住。

这是从积极的意义上来看，他不仅是想要离开、逃离和结束，更多的是他心理的状态缺乏一种有序的参照和规则的引领。他不断地看表，实际上是试图在一个恒定的维度中确认自己的位置。

在人际关系、社会秩序中到底是一个什么样的人，是什么样的身份，这些可能对于这种不断看表的人而言都是比较模糊的。

这样的人不仅是在咨询室中不能确认时间过了多久、此刻还能不能说话、还要说多少，并冒出想要离开的愿望，而且在人际关系以及社会身份的定位上都有困难，所以不清楚在建立关系的过程中，到底应该把自己放在一个怎样的位置才合适。

如何才能让他建立起这些关系呢？其实他需要学习些简单的规则。这当然就从拥有和明晰身份开始。也许对他们来讲，在原生家庭关系中，父亲、母亲跟他们之间的关系不清晰，各自扮演的角色和功能有时候比较混杂，父亲可能并没有完全站在父亲的位置上，母亲也并没有很好地执行作为母亲的功能，他们扮演了一部分父母的功能。这种情况会导致一个人在社会关系中的定位和身份确定感不清晰，在咨询室中很可能就会表现为不断地看时间。

针对这种现象，来访者可以学习适当的社会规则，以便明确自己在家庭内部的身份。当然，咨询师也可以直接告诉来访者不用担心和紧张于时间问题。虽然本质上跟时间没有特别大的关系，但你这样给他做回应，他比较容易听懂和接受。

你也可以告诉他暂时由你来把握时间的问题，不需要他自己去确认，这样他可能更容易放松，慢慢地再帮助他建立起对自己负责的感觉。

这是在初始阶段，让咨访双方容易建立关系的方式。这个时候，面质般地对他说"你不断地看表到底是什么意思"，并试图挖掘这背后的深刻意义并不合适。因为他这时还没有能力理解这背后的意义，所以不用太急。

61 问你有什么感受的人

在咨询室里经常会有来访者询问咨询师到底有什么感受。在动力性的治疗当中，感受是非常重要的，咨询师经常想要了解或者澄清来访者内心感受性的体验。而很多时候来访者对于自己的内心感受是回避的，或者是不愿意面对，他们会采取各种方式来抵挡自己的内心感受。所以当咨询师试图去澄清他心里到底有什么感觉的时候，他是不愿意接受的，反过来询问咨询师什么感受就是其中一种抵挡方式。

作为咨询师，当你试图去澄清来访者心里到底有什么感觉的时候，清晰是你最理想的状态，至少要有所了解有所触及，不是一点儿都不知道。如果你对来访者的感觉一点儿都不知道，想要通过询问的方式让他自己来表达，其实是得不到答案的。因为你跟他连接不上，你触摸不到他内心的反应，他很难去面对自己内心的感受。这时候其实需要看你自己对他的感觉。

如果你通过你的反移情反应对此已经有所感知，只是试图让他自己明白，这时候采用询问的方式加以澄清会比较容易。否则你直接问他什么感受，不但帮不了他，也容易招致他的反问。因为你确实也不清楚，所以他就把这个部分拿过来作为自己的防御方式。

他问你到底什么感觉？你一下子说不出来，你跟他有共同的困难，你对于他所抵挡的这种感觉也很难面对，就会受到他的制约：如果你知道我是什么感觉，现在你自己能不能够面对呢？如果你不能面对，你为什么一定要让我面对呢？

有时候，咨询师是清楚来访者的感觉的。如果你了解他的内心反应，当你试图引导和镜映他的时候，他却先问你，出现这种情况可能跟你的镜映方式有关系。一般情况下，你想要让来访者了解他自己的内心体验的时候是需要用你的感受去做镜映的，也就是说你需要把你的感觉反馈给他，用你的感觉去带动他的感受。很少有来访者能通过你的询问来获得自己的反省，他们经受不住这种询问。他们对自己的感觉还没有清晰地进入到言语化的层面，是模糊不清的，他们需要的是你感受性的回应而不是直接的言语性的询问。

当然，你的感觉无非是一致性的反移情或者互补性的反移情，这两种情况都是感受性的。你把你的感觉反馈给他的时候他不能用理性的部分来抵抗，因为你给出的不是一个建议，也不是一个质问，你只不过诉说了你的一种感觉，他不管愿不愿意势必都会在内心产生出对应的体验来，这样就会比较容易与你产生连接。

如果你的方式没有问题，他还是会反过来不断地问你到底是什么感觉，也可能意味着在关系层面上他非常不安。他完全不能把自己放在相对失控的状态，他对你有极大的不信任。他一定要把所有的事情都放在可控的状态下，包括你到底处在什么状态，他也需要你告诉他。

如果这样的话,表明你们之间的咨访关系没有建立起来,咨询是很难获得效果的。因为来访者要解决的问题自己并没有答案,不知道该如何解决,所以他需要跟你建立起信任的关系,而不是说全要按照他熟悉的或者让他感觉到安全的方式来进行。那样的话虽然看起来他是安全的,事实上根本不可能解决他的问题。

当他反复这么做的时候,你并不需要通过不断地告诉他你的感觉来让他"安心",那并不是建立信任的方式;你要去跟他面质和澄清关于信任的问题。比如,他不信任你,问题应该怎么解决。更多地探讨这些问题,可以缓解你们之间不信任的感觉。只有信任建立起来,咨询关系才能够真正地确立,然后才能够处理其他问题,否则其他问题就无法处理。

62　坐在你椅子上的人

通常来说，咨询师和来访者的位置是相对固定的，也就是说咨询师一般有自己专属的椅子，是在做咨询的时候固定使用的。

经过一段时间的咨询，有些来访者会有意无意地坐在咨询师的椅子上。

来访者会说："这两把椅子为什么一定要你坐这一把，我坐那一把，为什么不可以有自由一点的选择呢？我来做咨询本身就是来寻找自由的感觉，你为什么这么僵化和刻板？"

我们需要了解，来访者之所以来做咨询，是因为他在现实世界当中出现了一些问题。简单来说，他有很多不适应的情况，之所以不适应，从根本上来说是因为对自己不确定。对自己不确定，主要反映在对身份的不明确上，例如自信心不足、自尊比较低等。

这些具体化反应的出现，关键在于他在现实世界当中，在一整套的社会规则当中，找不到相对明确的结构性位置。

从自我的角度来说，他的自我结构不是特别清晰，功能就会有缺损。在这种情况下给他太多的自由，其实并不能帮助他分辨和识别什么时候该用什么样的反应方式——在现实中哪些时候他可以运用哪些权利，哪些时候他应该遵守哪些规则。这些对他而言都是模糊的。

我们做咨询不是讲道理，也不是教育别人，我们只是希望能够通过访谈，通过内在探索，把属于内心世界的结构性的框架、确定的感觉传递出去。这时候，设置是我们经常使用的一个重要工具。

除了咨询的时间长短、发生在什么时候等，咨询的环境、咨询师坐哪把椅子也属于设置的一部分。咨询师如果能固定地坐在一个位置，对于来访者来说，他也会比较明确自己的位置。咨询师可以帮助他去确认和获得一种稳定感。坐在哪把椅子上是咨询设计的一个需要，是为来访者考虑而设定的一个规则。就咨询师本身来说，有一个固定的位置，有利于他站在那个固定的地方反馈更多的感觉。

这一切的考虑都是为了更好地推动来访者的功能的发展。而来访者觉得自己应该有某种权利，如果他可以自由地挑选椅子，他就不会感觉到自己的权利被剥夺。事实上，这样的设置正是为了保证他的权利。

63　带饮料进入咨询室的人

来访者经常会带饮料（或者水）进入咨询室。如果天气很热，咨访双方适当喝一些水并无不可。

如果这种现象引起了咨询师的反应或者警觉，就意味着这种行为除了基本的生理需要之外，还带上了心理意义。这时候我们就需要识别来访者不断喝饮料的心理来源。

咨询过程中，如果来访者不断喝饮料，至少说明他很焦虑。如果来访者每次来到咨询室都需要喝饮料，且习惯于自己带饮料，甚至有些时候也会给咨询师带一瓶饮料。这到底意味着什么？

饮料和水是流动性的液体，往往跟情感相关。

当来访者进入咨询室时，他往往准备真诚地谈论自己所有的一切，把一切交给咨询师，也就是让咨询师来帮他一起梳理和甄别。这其实是一种冒险，他肯定会有些不安。这时候他产生焦虑其实是可以理解的。为了降低焦虑感，他会象征性地找一种控制性的感觉——拿一瓶饮料进入咨询室，就好像他牢牢地控制住自己的情感一样。

他害怕分享，于是他会牢牢地把饮料瓶控制在自己手里，喝他的饮料。

这时候跟他讲道理，问为什么要带饮料，他可能会就事论事地回答你。如果你说绝对不可以带饮料，也并不能解决问题。当然，他也可能反驳你。

这种行为只是一个信号，如果你一直禁止这种行为出现，他有可能会通过别的途径再次显现。这种行为反映了来访者的某一种状态，我们需要循着这种状态，循着这个信号深入下去，才有可能看到他的担心和害怕，弄清楚他为什么会处在矛盾状态之中。

来访者带着一瓶饮料甚至带着奶瓶进入咨询室，一方面，暴露出他很想要做一个小孩，很喜欢像个小孩那样被喂养；另一方面，他希望能够控制住自己内心深处的一些体验和感觉，意味着与你分享并不简单。

有时候他会买一瓶饮料跟你分享，好像代表他愿意跟你分享情感。事实上，这依然是个阻抗，只是形式上的连接，你并不能有更深的感受，这种连接是表面上的。

所以，当来访者习惯性地带着饮料进入咨询室，不管是自己喝，还是与咨询师一起分享，毫无疑问都是一种抵挡，而且是一种象征。那么，饮料作为咨询中很重要的存在，它代表的意义对于每个人都是不一样的。通常情况下，它跟情感有关，与来访者内在不愿意暴露的某种感觉和他潜意识中想要成为孩子有关系。更具体的情况，需要咨询师仔细地跟来访者一起甄别、发现。

那么做咨询的时候，到底能不能喝饮料呢？如果你是初级咨询师，甚至你自己还处在张力较高的状态下，这时候你和来访者都不喝饮料的话，也许有些咨询信息更容易被发现。如果你是比较放松的状态，完全不会受到这些外在事物的干扰，喝饮料只是因为口渴，只是生理需要，而且你也能识别出来访者喝饮料的时候是否有其他需求，那喝饮料对你的咨询并不会产生影响，未必要禁止。如果你没有这种把握，或者你也是一个容易通过这种行动化的方式来抵挡自己内在体验的人，你和来访者最好都不要喝。

64 不主动支付费用的人

这是咨询师在咨询中,特别是长程咨询中都会碰到的问题:来访者忘记支付费用,或者拖欠费用,比如一开始很准时甚至提前支付,后来每次结束的时候才愿意支付,有时候甚至会忘记支付。

这会让咨询师产生困扰,不知道到底该不该提醒来访者付费。如果过于强调"你要付费",来访者似乎会觉得你没有情感,或者认为你跟他谈话只是为了钱。在这一点上很多咨询师接受不了,觉得自己并不仅仅是为了钱。

来访者不主动付费,明显是对咨询的阻抗,在某种意义上是不被接受和承认咨询价值的。

付费到底是为了什么?为什么来访者经过一段时间的咨询之后容易出现不主动付费的情况?这是我们需要去了解的。我们知道,货币是价值的一种体现和反映,也是规则世界的一种符号。来访者来咨询,在某种意义上是他不能适应现实社会的体现,也就是说他进入社会规则存在一定的困难。货币作为规则世界的一种象征物,以象征作用显现在咨询的关系当中。

对于来访者而言,他之所以在适应社会规则上有困难,往往是因为他不愿意离开情感性的依赖关系,依然渴求早年可能没有获得的某种情感性的照顾,不愿意接受已经与父母分离并进入规则要自己负责的事实。在正常的关系中,他会觉得非常无情,于是他比较抗拒。

虽然他很想通过咨询让自己更好地进入规则,他的内在却在抵抗,特别是当咨询进入关键的时候。咨询会不断推动来访者更好地适应他的现实,他即将成为一个跟以往不太一样的自己,他一定会有抗拒,因为这意味着他不能再像以往那样做一个小孩,他必须跟比较幼稚的情感做告别。

来访者的潜意识当然不愿意,他希望能够继续停留在自己熟悉的关系当中,于是表现为对以货币作为象征物来交换关系的拒绝:不愿意付钱。他会觉得货币如同一把刀,切断了他那些美妙的情感连接,他进入了一个很现实的世界,好像没什么情感,只有利益关系。不愿意付钱,其实说明他退行成了小孩子。

稳定的利益关系是以不断发展的交换过程为基础的,并不是凭空而来的,这种交换需要源自情感的需要,源自最原始的感觉层面的不满足感,是希望能够获得一些可以带来满足感的替代品。利益关系不是完全与最原始需要切断关系,只是把原始需求变成了一个规则,让获得方式变得更容易。当然,从情感的浓烈程度上看,规则世界的交换关系的情感浓度显然比不上融合状态中感受性的满足,也比不上依赖性关系中情感性的满足。

65　要不要降低费用

治疗框架类似于治疗的设置，它是维持咨询持续进行的基本保证。一般情况下，这些治疗设置是不会轻易改变的。但是也存在例外，会有一些迫不得已或有必要的改变。我们到底应该如何看待这些改变呢？

这里我们来讨论的是关于收费的问题，到底怎样收费是合适的？约定的收费标准可不可以改变？哪些时候可以改？哪些时候不适合改？

首先，收取咨询费用的尺度到底是什么样的呢？一般来说，费用收取有统一的标准模式，就是不管来访者是谁，他的情况怎样，都根据这个标准来定价，不对不同的来访者实行弹性的收费。此外，还存在另一种模式，就是咨询师根据来访者的具体情况进行弹性收费。

如果按照来访者具体情况来进行弹性收费，那么对咨询师的要求就相对高一些：咨询师要能够识别出来访者的具体状况，并且根据他的特定情况评估什么样的费用他既可以接受又能够表现他的动机。

在经典精神分析盛行期间，有一个参照标准：以来访者月收入的30%左右作为他进行精神分析的费用。如果他一个月赚一万块钱，那他每次就需要拿出三千块钱来作为咨询费用，而且是相对来说比较高频的治疗的费用。

为什么需要这么高的费用呢？因为这样的费用能够彰显来访者想要改变的动机。他来做咨询是希望能发生改变，但如果只是一个愿望，那是不够的。每个人都有一个想让自己变得更好的愿望，可是只有很少一部分人能够获得真正的改变。这里面很大的原因在于动机不足，也就是不愿意为改变而付出努力，或是承受痛苦的能力不足。这时候可以用货币的标准来衡量，具体化的主观性的痛苦程度没有办法由统一的标准来衡量，我们就可以用他支付的费用作为一个参照。一个月收入的30%，既不会严重影响到一个人的日常生活，又足够让他感觉到这是一笔不菲的支出，对他来讲就是比较合适的。

其次，在收费价格恒定的基础上，我们如何来判断来访者是否愿意支付费用，费用对他来讲是不是可以构成足够强烈的动机呢？这可以让他自己进行评估：他大概愿意支付多少费用来解决他的问题。每个人对自己的问题都有内在的衡量，他觉得自己的问题有多严重、有多重要，如果能够好起来、能够改变的话，他愿意为此付出多少代价。这些都会通过他愿意支付的费用体现出来。

比如，他愿意出两万块钱来解决他的问题。这是假设他愿意支付的同时也是愿意努力的，并不是说他出了钱以后，自己就可以不管了。否则，就变成依赖了，问题肯定是解决不了的。

他愿意支付这两万块钱，在其他条件都稳定的前提下，你就可以做一个初步的衡量。假设你每次的咨询费用是一千块，那来访者就可以做二十次咨询；如果每周一次，那咨询的时间差不多是半年左右。

这时候你要衡量，针对这个人的问题，半年左右的时间做二十次咨询，能不能让他有比较大的改变。如果你觉得可以，他也觉得可行，那说明你们达成了一致，是非常匹配的。如果你觉得不行，他觉得可行，那就需要再具体衡量。你们的感觉没有完全契合，这可能意味着来访者存在依赖，他其实没有想要付出那么多努力，只是想付些钱让自己直接变好。这会导致咨询师对他的评估时间会更长，也就意味着他支付的费用可能是不够的。

当然，也存在来访者动机很强，咨询师甚至觉得不需要那么长时间他就能好的情况。

花多少钱能解决来访者的问题，这不是具体化的数字的衡量，而是关于来访者内在动机的衡量，以及他愿意为改变付出多少努力。这些具体通过货币来显现，仅此而已。

66　不直接承担咨询费用的来访者

有这样一种比较特殊的情况，就是付费者和来访者不是同一个人。来访者可能是因为第三方的某种特殊要求或是支持来到了咨询室，他自己并不承担咨询费用。这种情况也常见，比如，公司心理援助计划的员工，也就是 EAP（Employee Assistance Program，员工心理援助项目）当中的服务对象。

对于咨询师来说，他其实面临着双重客户。一个是直接客户，也就是来访者，他是个个体。另外还有一个间接客户，也就是付费的那一方，比如为员工付费的公司。这种情况下的咨询跟通常意义上完全由个人付费的个体咨询有所不同。

付费，在某种程度上是承担责任的一个象征，一个人如果自己付费，自己来做咨询，就非常明确和清晰，意味着他想为自己负责。他的目的是让自己有所改变。当这种关系转变成另一方付费，他来接受咨询，情况就不一样了。

咨询的目标本来是指向推动个人发生改变，前提是这个人必须能够为自己负责，一旦转化到他自己不需要付费的时候，问题就变得有点复杂。从内在来说，来访者找不到一种感觉：他在某个地方，为自己负了某种责任。虽然他心里可以告诉自己：我也是愿意负责的。但因为不用付费，他缺乏一个比较客观的印证。

这里我们要解决两个问题：咨询师到底对谁负责？是对来访者负责，还是对公司负责？在专业上，咨询师当然需要对来访者负责，他有什么问题，你经过专业评估，需要客观地来看待，不偏不倚地提供一些帮助。同时也得考虑你真正的服务对象，那个付费的第一责任人，公司要求员工来进行咨询，有自身的诉求，来咨询的员工是被看成其体系中的问题来对待的。

对于公司而言，咨询师要解决的是他们的某一个问题，这个问题落在了具体的员工身上，就是你的来访者身上。你帮助来访者进行一些个人的改变，但他现在不变的状况，也许是基于他的个人成长或者个人环境的某一个问题。放置在公司的环境中，他的问题可能是跟整个公司所需要达成的某个目标不一致。

论负责的话，通常情况下，一个问题的消除和一个人的改变，应该是一致的。有时候这种一致会有时间上的落差，或者是先后次序。到底应该以哪一个为主呢？个人改变需要很长时间，而公司对于问题的处理又很急迫，这时候如果慢慢来就不符合公司的利益，因为要消耗更多公司的资源。如果急速地来，又不符合员工自身成长的某种需求，他是需要一个过程的，你急迫地让他改变，这也不太现实。那么，这时候我们应该怎么考虑呢？

谁付费，谁就是你的第一客户。也就是，你首先对付费的人负责。他既然提出来要解决他的问题，你第一要考虑的是如何帮他解决问题。与此同时，你才能兼顾来访者个体的心理变化、心理成长的需求。

针对这种情况，咨询师可以采用权宜之计。这种咨询是以解决问题取向为主，不以成长导向为主，不一定非得在很大程度上去推动来访者的成长，有的时候也可以提供给他一些方法让他去应对。虽然从本质上来说，他并没有真正地发展出一种能力来，但是可以暂时学到某个方法，让他重新跟他所处的系统达成临时的平衡，这样的话，目标就达成了。

我们通常会有一些变通的做法，就是咨询师评估出来访者的有关问题，评估出他需要改变的时间，然后进行沟通跟协调。

比如公司愿意为他提供的资源是五次或者十次咨询，但是他这个问题的解决可能需要二十次或者三十次咨询，那你就要评估，他愿不愿意自己支付额外的费用以及是否愿意付出这些时间。他如果不愿意的话，意味着他内心对于自己的改变是不愿意承担责任的。

这种情况下，他其实是放弃了自己的自主性，他愿意完全让公司替他做主。这就像放弃自己的权利，转换成类似病人的身份，当然他很可能不是一个病人。他在作为公司员工、个体、社会人之间，更倾向于选择做一个员工，在内心他放弃了个人化的某些权利。这时候你应该更多地考虑如何从公司的角度来解决问题。

重要的一点是，咨询师能负的责任很有限，而且负责任的前提是对方愿意负责，如果对方不愿意负责，咨询师其实也负不了任何责任。而对方愿意负责的具体化体现就是付费，谁付费意味着谁在承担责任，你只能跟愿意付费的人、愿意承担责任的人进行相对平等且有效的沟通和对话。作为咨询师，需要明晰的一点是，如果违背了这个原则，放弃跟付费方的对话，你就保证不了付费方的利益。

67　由家长付费的青少年或儿童

还有一类不需要自己支付费用的来访者,比如由家长付费的青少年或儿童。一般来讲,青少年、儿童的心理状况或者心理问题与其家庭环境存在密切的关系。很多时候,我们会采用家庭治疗的方式来处理青少年或者儿童的心理问题。这样容易从比较系统的角度来看待发生在他们身上的问题的真正含义。

有些时候,因为种种原因,来访者不接受家庭治疗,或者不具备家庭治疗的必要条件,他只愿意接受个体咨询、个别治疗。这种情况,咨询师当然也可以接受。

需要注意的是,咨询师不能认为孩子身上所有的问题都是父母造成的。也许在现实当中,父母确实存在很大的责任,比如不恰当的照顾和控制。你如果只是一味地指出父母的问题,并不能解决孩子的问题。

因为孩子在家庭内部几乎不具有话语权,咨询的费用也不是他们支付的。在做咨询的时候,付费方是咨询师客户的一部分,甚至是更重要的一部分。

咨询师要争取获得父母的理解和支持，让他们明白他们需要承担哪些责任才能够让孩子有所改变。如果父母在这点上阻力很大，不愿意接受和承认，你就要充分地评估孩子本身具有的行为责任能力、他想要独立的动机，以及他愿意为自己的独立承担多大的责任。在某种意义上，父母对于孩子造成的某些阻碍，也是孩子成长中必须克服的困难。

生活在这种家庭环境中的孩子，他只有克服了父母带给他的某些困境，才有机会获得父母不具备的某些能力，最终成为一个真正意义上的社会化的成人。这本身对他来说就是一道坎，如果他没有办法突破，就进不了社会体系。

如果把孩子的问题简单地归结为完全由父母负责，孩子不用承担任何责任，也不需要做太多努力，并不利于他真正地长大、真正地顺应社会规则。

如果孩子不自觉地替父母承担了某些需要，但是没有用一个很好的方式解决或者获得他自身需要的满足，那他可以选择与父母有一定的分离，把父母的需要还给父母。与此同时，他也得接受，他这么做也有可能会失去来自父母的一些支持。这是关联在一起的。这样，他就得通过自己的努力去获得一些原本通过父母的照顾获得的支持。

具体来说，比如大学生，或者是这个年龄阶段的孩子，可以自己想办法赚钱来支付咨询的费用，或者可以跟父母用借款的方式来为自己的咨询付费。也许他们暂时不能偿还，但将来肯定可以。

这么做，不是在金钱上与父母划清界限，而是在心理上有机会为自己承担责任。他如果能做到的话，说明他可以用分离的路径。如果他不愿意分离，他就得接受父母传递给他的种种困难，他必须把这些困难作为自己的问题来解决。

这样的话，要求是更高的，他需要把家庭中父母缺失的某些功能，通过他自己的努力发展出来，一定程度上他将会成为他父母的"父母"。原来他也是他父母的"父母"，但那时是不自觉的、无意识的，现在变成有意识地承担责任、有意识地照顾父母的"父母"。虽然这个要求更高，但他能做到的话，也可以解决他们家庭的困难。具体选择哪一种，要根据他自己的意愿来决定。

68　移动咨询室家具的人

有些来访者，喜欢重新摆设咨询室当中的家具，包括椅子、沙发甚至茶几等。他进到咨询室以后，总是按照自己的方式重新摆弄或者调整一下咨询室的布置，有时候调整的范围很小，也有时候调整的范围挺大。他会为这种调整找一些现实的理由，比如光线不好，朝向让他觉得不舒服，不符合他的习惯，调整后他能更放松、更容易进入咨询的状态，等等。

来访者为什么要搬动咨询室的这些家具，这到底意味着什么？

来访者调整外在环境中的东西，往往是他内在状态的一种反映，在某种意义上这也是一种"付诸行动"。一个人的内在感受、内在结构需要调整的时候，他却动不了，就容易投射到外在环境当中去，他通常会希望通过改变环境中的设定和物件让自己感觉舒服起来。

这是一种逃避面对自己内在需要变化的方式，只是为了在现实当中让自己舒服一点。然而，不舒服正是他需要面对的，他需要去发现和寻找这种不舒服背后的真正原因。通过调整咨询室的布局让自己感觉舒适一点，并不是解决之道。

那为什么来访者要用这种方式呢？来访者很可能有一种类似于内在紊乱的情况，就是存在一些刻板性的反应。极端的例子是孤独症患者，他把自己周围的每一样东西都放在固定的位置，放在他熟悉的序列中，别人不能做任何改变，一旦发生改变，他可能就无法承受。

他无法承受的是内在紊乱和焦虑的感觉，这种紊乱和焦虑不是外在变化引起的，是本来就存在的。因为自身内在处理紊乱情绪的能力不够，所以他试图让自己紊乱的感觉依附在外在环境中固定的东西或者熟悉的序列上面，通过调整环境中的这些东西让自己处于相对舒服的状态。这是他的一个处理方式。

另外，这其实也反映了他不愿意适应新的环境。他习惯于让自己回到熟悉的旧环境当中，象征性地改变一下陌生环境中的东西，其实是为了找到熟悉环境的感觉。

来访者来做咨询本身是为了提高自己的适应能力，他需要做的是确认澄清种种不适应，从内在挖掘它们真正的来源，然后解决它们。而不是不问根源，只在症状层面通过改变环境的布置，通过一个细微的举动来获取暂时的"变好"。这些都属于对症性的处理，对症性的处理其实是不改变原因的，问题仍然存在，并没有达到根本性改变的目的。

69　在等候室睡觉的人

有些来访者每次都来得很早，然后在等候室呼呼大睡。他们似乎有这样一种习惯，喜欢在等候室一边睡觉一边等待咨询的开始。

在咨询之前，来访者让自己进入睡眠状态，可以说是让自己进入一种无意识状态，或是想向你呈现他处在昏睡中的状态——他在现实生活当中不管做什么，本质上都是昏昏沉沉的，好像并不是一个醒着的人。不是说他在现实生活中整天处于昏沉状态，而是说他自己的感觉是睡着的，他的自我部分可能是睡着的。

他也在做很多事情，但好像都不是替自己做的，在感觉层面并不处在独立状态，很多时候他其实是被别人占据的。这多半源自原生家庭：父母在很多地方占据了来访者的感觉。虽然他也根据自己的感觉寻找自己的需要然后去努力，可是从根本上来说，这些感觉层面上找到的需要其实并不是他自己的，往往是他无意识中接受了来自父母的期待和需要，把他们的东西当成自己的，但他并不自知。

也许他心理建设做得也不错，时间久了之后他难免会产生无意义感、空虚感、孤独感，让他觉得疲倦，有时候甚至觉得特别累。于是他总是会在做咨询之前跑到等候室睡觉，等着你去叫他。

想让咨询师把自己"叫醒"，是一种潜在的呈现。意味着来访者在现实生活中不知道该如何让自己觉醒过来，他需要有人把他叫醒。这说明他的自主性不强，依赖性比较大。

他总是期待，总是等待，等待别人给他全能的帮助。其实咨询师只能给他一个提醒。如果来访者是睡着的状态，咨询师能做的事情就是告诉他，好像看见他睡着了。在咨询室中你可以给他这样一个提醒，他可以通过这个提醒努力让自己获得一种警觉性，并在现实生活中时不时地唤起与保持这种警觉性。

当然，这可能会有点累，但来访者必须这么做才能获得自我意识。等自我意识慢慢稳定了，疲劳无力的感觉就会降低。这样才能从依赖别人的期待状态中跳脱出来，在工作和生活中做出自己的努力，活出自己的状态。

70　询问你个人信息的人

有一些来访者特别喜欢询问咨询师的个人信息，他自己也会到处寻找和搜集。

这种情况往往代表来访者希望跟咨询师有更加紧密的关系。来访者的这种愿望本身没有什么不正常。但是咨询师要不要透露自己的信息呢？在传统的咨询框架下，一般来说是不能透露的，咨询师要保持个人信息屏蔽的状态。为什么要这么做呢？可能有些咨询师会不赞成，觉得咨询讲究的就是真诚，为什么来访者试图了解咨询师的一些相关信息的时候不能告诉他？为什么告诉他会出现一些不好的情况或者不利于来访者解决问题的状况呢？

我们必须先弄清楚：真实和现实。来访者来做咨询，从本质上讲，我们要帮助来访者回归到他的现实生活环境，获得更强的适应能力。如何帮助他获得更好的适应现实的能力呢？就是在咨询室中向他传递真实的情感反应和真实的感受性镜映，让他能够贴近事实地感觉到自己的状态，感觉到自己带给别人的反应，对自己有一个真实的了解。他对自己有了真实的了解，回到现实当中，他就有了一个参照和基础，让他能够更好地适应现实的一些原则。

这其中的边界其实不是那么容易分辨的，一个人在现实中可以表现得很真实，也可以表现得不那么真实。不过，不管他表现得真实还是不真实，他对自己的状态必须是能够觉察的。如果他能够觉察，那我们认为他是可以控制自己的，处在自我能够自控的状态，即使他故意表现得不真实那也是他自己的选择和决定，不存在心理问题。

如果存在心理问题，代表他不能觉察自己的状态到底是什么样子的，他是在自己不清醒、无觉察的状态下做的很多选择和反应。

在咨询室当中，为了让来访者能够获取真实性的反应，需要先让他把自己获得的感觉跟现实环境做分离，让他不要把咨询师对他的反应跟咨询师自身的生活现实做太多关联，这样他才能确认这个反应是针对他的。

咨询师在现实生活当中当然也是真实的，只是有些时候，他可能会基于现实的需要做很多有弹性的、看起来不那么直白的真实反应，这也是适应现实环境的需要。

咨询师自己心里很清楚这点，但是对于来访者来说，他是不太清楚的。如果咨询师把过多的现实信息告诉来访者，来访者就不能很好地区别咨询师的反应究竟是真实的，还是经过弹性处理加工的。

可见，只有不让来访者了解咨询师的信息，他才能确认咨询师的反应是具有真实性的。当他把真实性的反应固定好、确认好，刻印到心里，在现实环境中他才能够慢慢地去发展，才能根据现实的需求有弹性地调整自己。

综上所述，不建议咨询师向来访者透露自己的个人信息。

71 做咨询时能讲道理吗

通常情况下，在咨询室当中，咨询师是不轻易讲道理的。咨询师如果讲道理，容易陷入一种空洞的状态，来访者也很难通过这种方式真正获益。尤其是在动力性的治疗当中，讲道理容易陷入概念化的状态。

那在咨询室里是不是就禁止讲道理了？其实也不尽然。有一些人会说："认知疗法有时候也是会用到的。那怎么能说一定不可以讲道理呢？"

咨询师之所以想要讲道理，往往是因为自己也碰到了困境。

讲道理其实是一种理智化的反应，如果碰到了困难，遇到了困境，觉得很难面对、很难应对的时候，就容易跳到理性层面去获取答案。讲道理其实是一种抵挡的方式。当来访者带来一些让咨询师感觉到困难的反应的时候，咨询师想要跟他讲道理来化解他的麻烦，往往是不会成功的。

同样道理，即使使用认知疗法，如果你只是因为被来访者引发了某种焦虑的反应和无力的状态，你讲道理是很难起到作用的。

认知疗法不是每一次都能起到作用，惯用这类疗法的咨询师，不像动力性治疗的咨询师那么关注自己的内心感受。有时候他也不清楚自己哪些时刻跟对方讲道理是很放松、非常有底气的，哪些时候只是生硬地想要搬用一套理论模型或者心理模型作为背景和参照去说服对方，往往效果就很差。所以讲道理本身不是不可以，重点是咨询师基于怎样的状态讲道理。

有些来访者的理智化功能、心智化功能其实挺弱的。你给他感受性的回应他并不能承接，因为他有非常多的不确定性，他也不能诠释你传递的这种感觉到底有什么意义。

这时候你跟他讲道理反而能起到凝聚性作用，能给予确定性的传达。但前提是你作为咨询师并没有太多不确定感和无力感，只是发现对方承接不住你的感觉性回应，而且非常焦虑，极需一种相对确定的状态。这种情况下，你可以把一些内容概念化，甚至跟他讲道理，给出相对明确的指导，对他来说都是有用的。所以讲不讲道理也取决于来访者的状态，以及他的客观需求。

综上所述，咨询师想跟来访者讲道理，在来访者状态允许的条件下，咨询师自己的状态也要允许才行。如果你有无力感，或者不知道该怎么办，这时候讲道理的作用就不大。最好是在你感觉比较放松、不焦虑，也没有想要说服对方的意愿的情况下讲道理。

72　有高自杀风险的人

在咨询中遇到有高自杀风险的来访者应该如何处理呢?

自杀风险是我们在咨询当中需要重视的。这个行为是不可逆的,一旦发生,后果就非常严重。咨询师应对这样的来访者往往压力很大。所以我们需要严格评估,来访者是否存在这种风险。

如果来访者有自杀风险,还要看属于哪一类情况。如果是医学问题,肯定要建议他去医疗机构就诊。如果没有医学问题,意味着他可能在一定程度上短暂失去了一些正常的反应,或正常的社会适应性功能,他不能真正对自己负责。在咨询过程当中出现自杀情况,即使不是医学问题,往往也会追究咨询师部分责任。

具有高自杀风险的来访者,是不具有完全的行为责任能力的。如果一个人不具有完全的行为责任能力,就意味着他需要别人替他负责,也就是他的监护人要为他负责,咨询师并不能完全替他负责。

所以,碰到具有高自杀风险的来访者,咨询师要马上联系他的监护人。这时候所有的保密原则都需要打破,不能因为他来找你做咨询是他个人的隐私，你就陷入两难境地：说还是不说？能不能让别人知道他的情况？

在监护人到达之前，作为咨询师，你有临时的保护责任，就是在你还没把他交给监护人前，出于你专业人员的身份对他进行临时监护。

他的监护人来到后，你要说明他现在的状况，给出非常明确的专业建议。比如来访者有医学问题，你就得建议监护人带他一起去医疗机构就诊，听取医生的专业建议以及处理方法。如果来访者没有医学问题，他只是处在情绪崩溃状态，你就要告诉监护人这一段时间他不能自主，需要严密监护。

什么时候可以解除这种严密监护呢？这需要有专业的评估。

在心理咨询的框架下，出现严重的自杀意愿，我们多半会关联到抑郁的情况。也就是说，来访者很有可能会被诊断为抑郁症，会被界定为医学问题。

这种情况下，咨询师就更要履行评估建议的义务。在咨询中，咨询师虽然没有诊断权，可是有一个义务：初步识别来访者是否具有医学问题，并且提出专业建议，如果有医学问题，要建议他去医疗机构就诊。

此外，你还需要获得来访者及其监护人的书面确认，让他们亲自为证来确保你已经尽到你的职责，这是一件非常重要的事情。当然，如果问题非常严重，你也可以向相关部门求助，比如拨打110等。这是比较简单的处理有高自杀风险来访者的一个应急方案。

在咨询中，如果来访者的自杀风险一直很高，你要不要继续给他做咨询呢？原则上，即使要做咨询，最好也要在监护人的陪同下进行，如果他是有医学问题的，最好先进行医学治疗，等医学治疗结束以后再做咨询。严格来说，咨询解决不了医学问题，医学问题需要在医疗机构进行治疗。

73　在咨询室外遇到了来访者

有时候我们会在咨询室外遇到来访者。通常情况下，咨访双方在离开咨询室之后是没有任何联系的，这样才能保证咨访关系的简单性和纯粹性，才能帮助咨询师通过咨询来检视和看清楚来访者的各种问题。

如果咨询师和来访者在现实生活中过度联系的话，咨询师就容易混淆，不太容易检视清楚这到底是现实关系还是具有投射性的关联。

在现实当中，咨询师难免会偶遇来访者。有的咨询师会感到有些尴尬，不知道如何应对来访者。出现这个反应其实是正常的，因为咨询师和来访者之间是咨访关系，它存在于特定环境当中，在咨询室中才发生。离开咨询室虽然依然是咨访关系，但是失去了特定的情境背景。这时候咨询师要一下子把他当成非来访者来看待，确实不太容易，而且他又不是陌生人，这就很容易让双方都产生一种不知道该做什么的状态。

不过，偶遇也是个机会，因为双方都不清楚可以把对方放在哪里，不管是咨询师还是来访者，都容易通过自己熟悉的条件做出反射性的反应：把对方放在一个位置上。这是无意识中流露出来的，不是有意想好的。特别是对来访者来说，他不知道该把咨询师放在哪里，好像除了咨询师这个身份之外，他很难把咨询师放置到社会现实中的某一个身份、某一个位置上。

那咨询师的位置具体在哪里呢？如果来访者能比较自如地找到咨询师的位置，说明他在关系当中弹性比较好。但大多数情况下这种情况是不会发生的，来访者来做咨询大多是因为人际关系不佳，不能很好地应对不确定性。他在现实中碰到咨询师的话，多半会出现无措的反应。

双方偶遇时咨询师的反应挺重要的，因为咨询师的反应会给来访者一个示范，对来访者是一种镜映，让来访者知道，在现实中他们可以以怎样的方式相处。

在街角、商场或者其他地方遇到了，咨询师应抛开咨询师的身份，自如地对来访者做反应，那一刻也需要把来访者看成一个普通人，而不要把他标记为来访者。

这固然很考验咨询师在各种社会身份、社会角色中的切换能力和弹性，但在某种意义上也会给来访者一个非常现实化的标定，让他知道你们之间最主要的是咨访关系，同时你们也是平等的两个人。这是在咨询室外，咨访双方偶遇的意义所在。

74 隔着屏幕的来访者

随着互联网的发展，出现了网络咨询。有一部分咨询师，特别是一些比较有年资的咨询师，习惯于地面咨询，不容易接受网络咨询。网络咨询和地面咨询比起来，会缺失很多信息，你看不见那个人的很多肢体反应，也不容易和他营造一个比较真实的咨询情境。你们主要是通过语言来表达彼此的一些状态，只能看到彼此的局部。论真实感，网络咨询显然比不上面对面的咨询；论信息传递的通道，也会窄了很多。相比地面咨询，网络咨询从传统意义上来说，确实失去了一部分的真实性。

但是，网络咨询是时代发展的趋势。我们进入互联网时代，生活当中开始出现越来越多的网络化状态。跟原来的生活模式相比，也许我们整个的人际关系相对来说是疏离的，情感的连接也不像原来那么浓烈。互联网的发展使得人与人的连接、情感相互的触发和反应减弱，变得模糊。如果你不能接受的话，那可能就没有办法融入新的时代状态。网络咨询对于咨询师来说，是需要学习接受的。咨询师需要调整跟改进,想办法在互联网的情境当中,找到新的传导以及发送信息的轨迹。这是一个不可回避的问题。

虽然网络咨询比起地面咨询,传递信息的真实程度和强烈程度降低了,但它也有一些优点。在网络上,彼此有空间的距离,没有办法直接产生近距离的映照,也不可能有触摸。这就使得原来的很多恐惧,因为有这样的距离,反而降低了程度。有时候,网络咨询甚至会比地面咨询更快速地让来访者表达很多内在隐秘性的情绪、事件。

当然,这种表达是建立在来访者因为距离而感觉自身安全性提高的基础上的。但是,咨访双方的关系跟地面咨询当中来访者因为对咨询师足够信任而产生的信任感和关系是不一样的。我们也隐约看到,网络咨询相比地面咨询,很多表达方式以及性质都发生了一些变化,这些变化需要我们不断摸索。网络咨询不是简单的信息量降低,或是形式的变化,它更多地代表了一种因为技术的发展而产生很多社会文化环境的变化。

在互联网时代的语境当中,人与人之间的关系发生了很多变化。这种关系的变化使得人要去适应他所需要做的努力和需要调整的状态,和工业时代、非信息时代以及更早时期的人际关系以及社会文化环境都是不一样的。在地面咨询中,人需要达到的状态,需要努力适应的大社会文化环境,是更具有结构性的。随着互联网发展,整个环境非结构性的特点越来越明显,来访者不适应的环境在结构上已经发生了很大的变化。之前来访者做咨询,是不适应一个结构化的社会环境,现在很多来访者做咨询,可能是因为不适应一个非结构化的社会环境。对于后一类来访者,使用更加契合这个社会语境的通道和工具，比如网络，有时候是必要的。

当然，不是说地面咨询不可以继续使用，只是从某种意义上来说，它建立的连接放置在一个结构化很弱的社会文化环境中，变成了一种虽然必不可少，却也不是那么普遍存在的连接模式。

如果来访者不需要与咨询师产生强烈和深切的连接，那么通过视频咨询反而是更适合的。

这两种形式的差异代表的不仅仅是方法的优劣，也是不同的指向，作为咨询师，最好帮助来访者适应两种不同的社会文化环境。

75　长途跋涉来做咨询的人

有的来访者，做一次咨询需要在路途上耗费很长的时间。因为来访者和咨询师不在同一座城市，甚至不在同一个省份。来访者在时间上需要额外地付出很多，大大长于近距离咨询的时间。

为什么来访者要长途跋涉来做咨询？我们可以从客观上找到他这样做的一些理由，比如特别相信某一位咨询师，或在当地找不到合适的咨询师等。这样的来访者，可能期待比较高，咨询师也容易有压力。但更重要的是，咨询师需要了解来访者走这么远的路，耗费这么长的时间，对于咨访关系而言到底意味着什么。

来访者这样做带有期待，是毋庸置疑的，对来访者、咨访关系而言，也有着象征性的意义。对来访者而言，做一次咨询意味着试图达成某一个内在的目标或某一种需要。需要走很远的路来做咨询，说明在高期待背后来访者的内在有一些不坚定，他可能并没有做好让自己发生内在变化的充分准备。因为内在不愿意改变，所以才会把高期待放置在咨询师身上。当咨询师面临这样的来访者的时候，需要仔细地衡量评估来访者的动机：他改变的意愿到底有多大？

很多时候，咨询师会根据来访者这样的行为得出一个结论：这个人动机应该很强。他愿意跑这么远的路、花这么长的时间来到这里，这本身就是动机的显现，然而，做出这样一个结论后，在具体的工作过程中，咨询师又会发现很难有进展，甚至增加了很多不必要的压力。

可见，评估来访者的动机，并不是从形式上看他花了多长时间，有时候他耗费长时间，可能恰恰是因为他的内心没有做好充分的准备。

来访者如果想要改变的意愿很强烈，那么他面对可能会发生的阻力也会有比较大的突破能力。妨碍他发生改变的阻力，有可能表现为他对在当地找一个咨询师心存顾虑，比如地方太小、彼此之间容易熟悉、他感觉不安全。也许，不安全感在一定程度上确实存在，但不安全感也跟他心里没有强烈的改变的意愿有关系。来访者想要改变的动机很强烈的时候，外在的不安全感对他的影响就没有那么大。

对于这类需要长途跋涉才能够进行一次咨询的来访者，咨询师要慎重考虑和评估他们的动机——动机往往并不强烈。何况现在网络比较发达，如果真的只是因为地域的相隔，其实也可以采用网络咨询的方式。

如果这类来访者不愿意接受网络咨询，可能是他们感觉网络咨询不能让他们充分地表达自己，他们希望能够获得的关系的亲近程度只有在地面咨询中才能感觉到。这代表他们的愿望很强烈，期待也挺大，但是他们自身愿意付出的努力也是相对有限的。

76　与来访者的必要联络

我们在咨询中需要确认一些基本信息，这叫必要联络。有一类来访者，他们具有一定的社会身份，比如公司的老总、政府部门的官员，有时候在确认预约或确认一些相关信息的时候，往往会通过他们的秘书或者助理来跟咨询师进行联系。从客观上来讲，他们比较忙，他们习惯通过秘书来跟外界进行必要的联络。放置在咨询的情境中，这种方式到底合不合适？会不会对咨询有一定的影响？

我认为这种方式可能不太合适。为什么？一方面是在这样的设置框架下，来访者往往会把咨询也当成工作的一部分，就是他把咨询放置在一个跟工作任务同等的位置上。他来做咨询，无形中就像完成某一个任务，这样，做咨询对他来说就像一个获取问题解决方案的途径。

我们知道，真正的咨询是获取一个让个人发生变化的过程。也就是说通过咨询，来访者真正获得改变的不是其他，而是他自己这个人。他把自己变化的过程归结为问题的解决，在一定程度上是把他的一部分给物化或异化了，这并不有利于他的问题的解决。

另一方面，这意味着咨询师在来访者的整个人际关系体系当中，只是他的一个外延，类似于下属、助手这样的存在。这样的话，咨询师和来访者显然是不容易处在相对平等的位置上的，来访者没有真正把自己放置在一个需要通过咨询来让自己发生变化的位置上，这会影响整个咨询过程的进展。

这就像他在咨询师和自己之间安置了一个"第三者"，就不是非常单纯的两个人之间的关系了，夹杂着一个传递信息的第三方。虽然信息传递只是外围的，但是不可否认也存在一个位置。这不利于一种没有阻碍的关系的建立，也不利于咨访关系的进展。

如果遇到这种情况，建议在设置上进行强调或者要求，不管是咨询的时间确认，或是需要预约更改，诸如此类，最好都由来访者直接提出来。当然也有特殊情况，比如来访者通过咨询机构预约咨询师，咨询师有时候会存在一个第三方——但是咨询师的助理是整个咨询框架的延伸，是咨询的一个部分，他也需要恪守某些跟咨询相关专业的部分，相对说来他的影响就没有那么大。来访者的助理，并不属于咨询的设置和框架的延伸部分，容易造成障碍。

如果条件允许的话，更理想的状态当然是咨询师和来访者直接进行咨询基本信息的确认，比如咨询时间、咨询费用等，这是更加贴近的一种关系，也更加真实。

77　直接称呼你名字的人

我们会碰到这样一种情况，来访者喜欢在咨询的时候对咨询师直呼其名。来访者这样做有时候是为了显示某种平等或亲近，他不太愿意给予咨询师一个相对专业的称谓。

碰到这种情况，我们如果禁止对方这么做，来访者也许会反问："直呼其名不也是平等的象征吗？既然咨询关系强调彼此是平等的，为什么你就不能接受我直接称呼你的名字呢？我这也不是不尊重你。"

那么这种做法是不是合适呢？答案显然是否定的。为什么不合适呢？最重要的原因是咨访关系也是一种社会关系，是一种比较特殊的、带有专业性的社会关系。在这种社会关系当中，通过付费这种被允许的社会交换方式来进行一种交换，各自达成彼此的目标。咨询师是为了收入，也为了生存，当然更是为了实现自己的社会价值，让来访者获取一些他需要的帮助。这些都要放置在特定的社会关系中才能实现。但凡是社会关系，就需要社会身份，如果没有社会身份的话，社会关系就确立不了。

来访者直接称呼咨询师的名字，其实隐含着一种想要去除双方之间的社会结构性关系的潜在意图，可是如果把这种关系破坏掉，意味着咨询师不太容易通过专业身份去给出推动。

这其实是一种潜在的阻抗。来访者其实并不愿意接受自己在某种规则或者框架下的改变和推动，他变相地想要一步到位地让自己在人际关系中达到一种状态——他可以跟别人非常平等或者非常亲近。事实上，这样做并不能达成目的，反而会适得其反，造成一种非常奇怪的关系状态。

有的咨询师在这个过程当中会感觉不舒服。在某种意义上，来访者用这种称谓的方式消除了咨询师的专业身份，所以咨询师容易产生迷惑，不知道应该站在什么位置对来访者做出反应。

潜在地失去了专业的位置，消减了一部分专业身份之后，你给出的反应同样被消减了一部分专业的力量。你给出的话语、反应之所以能产生影响，是因为获得了某些社会框架或者文化的支撑。

基于种种的内在因素，作为咨询师来说，你需要坚持自己的社会身份，因为这是进行工作最有效的一个位置。如果你放弃或者减弱了自己的专业位置，就会降低你的专业工作能够获取的影响力。

78　什么是反移情

有些咨询在刚开始的时候就会出现问题，容易引起咨询师的一些反应，这些反应有可能会成为咨询的困扰，或者主导咨询的方向。这就牵扯到两个概念：反移情与共情。

从广义上来说，一位咨询师面对来访者出现的任何反应都属于反移情。从狭义的角度来说，反移情特指那些没有被咨询师自己意识到的反应。这些反应可能会引出一些盲点，也就是咨询师因为出现了这些反应以至于不能很好地了解或者识别来访者所处的状态。这种狭义的反移情，需要特殊处理。

我更倾向于把反移情看成广义的反应，也就是说，在做咨询的过程中，我们可能需要了解来访者的到来让咨询师所产生的任何反应，因为这些反应都有一定的意义。我们要尽量拓展自己的意识化程度或者觉察能力，让自己越来越多、越来越广地了解自己所产生的这些反应的意义。我们了解得越多，反移情就越容易脱离狭义的范畴，进入可被看到、被察觉、被理解和被了解的范畴，成为我们理解来访者的信息。

在反移情中，有一部分一定是跟来访者心里的感觉特别密切相关的。比如，当你站在来访者的立场上感同身受地试图去理解他的时候，你心里会出现一些反应，这时候你可能替来访者体验到了一些东西。这种反应我们称为共情。

共情介于有意识和无意识之间，一般来说，当我们能够有意识地去做一件事情，比如设身处地地理解来访者的时候，我们产生的反应都被归纳到共情的范围。有些时候我们主观上并没有这样的意愿，可是不由自主地被他引发了一些设身处地的感觉。这些感觉，既可以说带有共情的性质，也可以说属于反移情的范围。

对咨询师来说共情相对处在比较意识化的层面上，是有意为之、努力地想要获得的感觉；反移情是不自觉、无意识地出现了反应。

这两者在咨询过程中都很重要。如果放在更广泛的范畴中，共情属于广义的反移情的范畴。它们属于咨询师和来访者在建立关系的过程当中，自然而然地发生在咨询师心里的各种各样的感受性回应。

这些感受性的回应，有时候有利于咨询的推进，有时候不利于咨询的推进。不利于咨询推进的回应，往往是那些让咨询师感觉到自己不能理解来访者到底在干什么，或者不清楚来访者到底处在怎样的状态的反应。当咨询师试图共情，想要设身处地理解来访者的时候，他发现自己的感觉连接不上。

这时候咨询师会处在无措和茫然的状态中，但是恰恰是这种茫然和不知所措，无法连接上来访者的反应状态，是一种很有效的信息。这种反移情不以正向的方式出现，反而以缺失的方式出现，这叫空缺式反应。这种状况也许就代表了来访者眼下最重要的问题或者状态。

79　过于顺从的来访者

在咨询初始阶段，咨询师很有可能会产生空缺式的反应，这些反应会阻碍咨询的进展。下面这种情况就容易让咨询师产生这种反应。

来访者在咨询初始阶段带来非常多填塞式的信息，容易导致咨询师的脑子处于停滞状态。表面看来，来访者非常顺从，也非常配合，他向你提供了非常多的信息，你一个简单的问题可能就会引发他非常多的主动的暴露。根据他过往的种种经历、生活事件，他做得好像也没什么不对，甚至非常配合，可是你没有办法做出反应，只是感觉源源不断的信息蜂拥而至，这其实也是一种强烈的阻挡。

来访者这样的行为意味着什么呢？来访者把自己所有的东西一股脑地带到咨询室当中，一下子展露在咨询师面前，一方面，这隐含着一种信息，他对自己并没有一种负责的意愿，他有非常多的经历、信息以及各种各样的感觉，可是他自己不加工不处理，让自己处在什么都干不了的状态。

在这一刻，咨询师能够了解到来访者没有强烈的改变动机或者求助的愿望，很可能只是希望找到一个人可以全然地替他负责。这样的态度和意愿对于咨询而言并不恰当。

咨询师的第一要务是慢慢地改变和澄清这个问题，确立咨询契约的时候得让来访者明白，如果他希望有所改变的话，并不能以这种方式达成。另外，要确认他是真的有动机和意愿改变，还是只是希望找到一个人替他想一些办法。如果是后者的话，这并不是真正意义上的求助或者咨询。

另一方面，意味着来访者在生活中也经常会让周围的人感到无措。他是一个有些讨好的或者看起来很顺从的人，让别人没有办法直接拒绝他。而一旦给他帮助，又会发现所有的帮助对他而言都是不恰当的。经过一段时间，任何一个靠近他的人都容易处在耗竭的状态。所以在人际关系中，没有人愿意真正地跟他靠近。

提醒各位咨询师，这类一来就把巨量信息抛出来的来访者，他们咨询的动机并不强烈，他们往往没有自我负责的意愿和试图改变的意图。咨询师千万别误判，千万别以为来访者这么配合，主动地告诉自己这么多信息，充分说明他的信任，充分说明他的意愿。真正的情况可能并非如此。

80　盘问你理论取向的人

　　有这样一类来访者，在咨询开始前不断想要确认或者盘问咨询师的理论取向。碰到这样的来访者，会让咨询师很为难，因为并非三言两语就可以跟来访者解释清楚自己的理论取向。

　　来访者一再地要求咨询师说清楚使用的方法和理论背景，表面上看他好像在行使自己的某种知情权，了解咨询师用什么方法解决他的问题，但这对咨询师来说是一个很大的阻碍。

　　在关系层面，这是一种巨大的不信任。这种不信任并非单纯指向咨询师，而是指向来访者对于整个环境的不信任。他试图用自己熟悉的方式掌控整个环境，但他之所以碰到问题，恰恰是因为他的方法、他的视野、他的感触在应对环境的过程当中出现了问题。

　　他原有的那一整套东西已经没有办法与环境协调，如果他继续留在熟悉状态中，是不能改变他的状况的。他不断地盘问咨询师的理论取向，只是为了让自己获得一种确定的感觉。他的感觉越确定，意味着他越多地回到原有的熟悉状态。回到熟悉的状态，意味着他再一次陷入固有的模式中,这时候他并不能真正地获得帮助。

可见在关系层面上,他抛出的是不信任的问题,这是处在内在非常恐惧、不愿意跟任何人有关系的状态。

当然,这会引发咨询师的不适,在某种意义上,代表来访者要把咨询师放置在没有人类感觉的状态中。这时候咨询师好像只是一个机器,按一个按钮,咨询师的某种跟理论相关的程序就会启动,然后去寻找解决他的问题的方法。事实上咨询不可能是这样起作用的。这就会导致困境产生。

有时候咨询师会陷入一种被动的状态,往往也是受困于来访者提出来的知情同意权。咨询师会过度认同所谓的平等的概念——来访者好像有权利知道你用什么办法解决他的问题,办法当然跟你的理论取向有关系,就算你觉得不舒服,你也不得不去回应他,处在回应他提出的这个问题的困境中。

这时候我们要回到心理咨询能够产生作业的机制上。心理咨询的本质是促使或者帮助一个人发生变化的过程。真正发生变化的是一个人,心理咨询要解决的并不是这个人的某个问题。咨询师要去做的事情是帮助来访者发生改变。帮助一个人改变靠的不是理论,理论只不过是用来理解这个人身上显现出来的一些现象,咨询师把这些现象归纳总结成问题,而这些问题本身并不是本质,这些问题只是咨询师和来访者发生互动的一座桥梁。

如果把自己固定在解决这些问题上,在咨询关系的建立上咨询师就会卡在过渡状态,难以直达根本。根本是推动一个人发生变化,而不是停留在他提出的某一个问题或者双方共同构建的某些问题上。

当来访者用不断盘问你理论取向的方式表达质疑的时候,咨询师应该回到咨询的原点告诉他,咨询对他来说可能是一种冒险,因为他面临的是即将要发生的不可控的变化。如果他愿意尝试这样不可控的变化,那么他可以接受咨询。反之,咨询的所有方法对他来说都是不合适的。

81　追问办法和建议的人

有一类来访者，他们会不断地向咨询师寻找问题的答案或者解决问题的方法。这跟前一小节谈的问题有相似之处，但又不尽相同。我们说过，不断盘问咨询师理论取向的人，其实在建立关系上有强烈的不安全感和不信任感，所以导致咨询师一开始就会受阻。这类不断地向咨询师寻找问题的答案或者解决问题的方法的来访者，至少愿意信任咨询师，并不质疑咨询师的思路，只是希望咨询师能尽快地给出解决他问题的方法。

这两类来访者也有相似的地方，他们在建立关系上都容易停留在问题层面，而不是把问题当作桥梁，他们没有把咨询看成人与人的交流，而是看成对问题的解答的互动。

如果来访者不断地提出问题，会使咨询师受阻，咨询师可能没法跟他建立关系。就算咨询师真的告诉他该怎么办，也并不能帮到他。况且，很多时候咨询师还会困在这样一种境况中：要不要给来访者答案。

咨询师在以往的学习过程中获得了这种理念：咨询师不可以向来访者直接提供答案，因为这不能起到推动来访者自我负责的作用。但是，当来访者不断地提出问题还要求给出答案的时候，咨询师还是会纠结，一方面好像不能给他答案，另一方面如果不给答案，又不知道该如何跟他深入地建立关系。于是，咨询师往往会被卡住，好像什么也做不了，不知道该怎么办。

确实，给答案解决不了来访者的根本性问题，并不能推动他改变。但在咨询的最初阶段，咨询师如果很难用别的方式跟他建立关系，那么简单地回应他，给他答案，也不失为一种跟他建立关系的途径。

当然，咨询师心里要明白给他答案并不能真正意义上推动他发生改变，只是利用给答案的方式试图跟他建立关系，以便避免自己被卡住。

这样的来访者在情感的连接上可能很困难，在感受反应上也很困难。作为咨询师，你也要深入地了解，这样的人通常比较理性，他的心理发展处在什么阶段？前文说过，一个人的心理发展过程一般来说分为一元、二元、三元三个阶段。

不断追问方法的人，看起来是在三元阶段，照理说应该是成熟的，可是他的二元阶段是空缺的。也就是说，他在整个心理发展过程中，直接从一元阶段跳到了三元阶段，跳过了情感需要的阶段。这样他就没有比较理性的方式应对他的情感需要，在咨询中就会出现反复提问题、找答案的情况。

跟他在一起时，你好像感受不到他的存在，而只有问题在那里。你也只是被他看成问题解答方法的提供者，难以感觉到作为一个人在情感上跟他的连接。你要慢慢地在情感需要以及提供方法这两点上，给出一些他所能接受的回应，把他引到情感连接上来。

我们做咨询很多时候习惯从建立关系开始，碰到这样的来访者，我们要明白路径需要稍微调整一下——先在理性上跟他建立一些关系，为他提供一些方法，等他拿到方法发现解决不了问题后，你再推动他，跟他建立情感连接就容易多了。这样才能推进咨询。

82 对你的解释不做回应的人

遇到对咨询师的解释不做回应的来访者,也是我们在咨询初期常见的困境。在初始阶段建立一定的关系之后,咨询师会尝试对来访者所处的困境做出一些回应,有时候是针对他身陷的处境做一些诠释。一般来说,咨询包括传统的面质、澄清、解释三部分。在做面质跟澄清的时候,对来访者来说还不太困难,他往往会同意咨询师指出他的问题。但是当咨询师对这个问题做解释的时候,他又会难以接受,或者说不知该如何接受。他表现出来的状态就像完全不明白咨询师在说什么一样,或者顾左右而言他。

这会让咨询师感觉到困扰,为什么之前他对于问题的界定能接受,对问题的解释就接受不了呢?

这其实是个信号。要么是告诉咨询师操之过急了,要么表明他对咨询师的面质以及澄清部分,虽然表现出接受和同意,但可能带有讨好的成分。所以当咨询师试图在此基础上做更深入的诠释时,他的状况是连接不上的。他听不懂咨询师在说什么,或是无法接受咨询师说的内容。

来访者为什么会出现这种情况呢？

再次强调，一个人的心理发展有三个阶段。从偏向身体基本需要的感受状态，到对情感关系的依赖状态，再到比较理性化的使用规则、依赖规则的状态。当你试图对来访者做诠释时，相对来说比较理性化，即试图使用规则的话语对他做反应和连接，以此帮助他进入规则体系。他进入不了规则体系，可能因为他在心理发展过程当中对规则很陌生。也就是说，他可能更多地停留在一元或二元状态，更多地停留在对自身的基本需要不断地寻求满足的状态，或对情感特别依赖的状态。他对于分离不能接受，他对于跟别人分开而去寻找属于自己的身份确定感是非常抗拒的。

这种情况下，但凡你给他诠释性的、带有理性的回应，他一概接受不了、无法回应。

根据他的心理发展状态看，他还在尝试学习摆脱情感依赖，摆脱容易受困于别人、陷入讨好状态等问题，还没有形成有意识地去适应整个社会规则并获取自己的社会身份的目标。

咨询师应根据来访者所处的状态，来确认比较清晰、明确的目标，切忌操之过急。

83 过度聚焦咨询师的人

有一类对咨询师比对自己更感兴趣的来访者，他们对咨询师的生活状态、心理状态都特别感兴趣，不断地聚焦在咨询师身上，对自己反而没有那么关注，就好像花了钱专门来了解咨询师一样。

从某种意义上来说，这类人的感觉、焦点、思考只能放置在别人身上，他们必须借助别人来体验和感觉到自己的存在，他们没有办法作为独立的主体对自己进行探索。

当然，在关系层面，他们肯定是感觉很不安全的，更重要的是，他们面临的是比感觉不安全更严重的情况：他们怕有存在感。他总是希望有一个人在那个地方，特别是一个比较有自我的人在那个地方，他好让自己进入到那个人的心里去，借助那个人的生活感觉自己还活着。这有点像寄生状态。

对于这样的来访者，并不是简单地让他把方向和焦点回落到自己身上就马上可以解决他的问题的。因为他很难做到这一点。你让他对自己感兴趣，这对他来说其实是空白的，他并不知道该如何去做。

他对你感兴趣，并不意味着他想把你彻底弄明白，然后再暴露自己。对他来说，最大的困难是他内在的贫乏和空白状态，并不是他感觉不安全，他甚至连不安全的感觉可能都没有。这样的人在人际关系中，更多的是作为他人的附属品而出现的。

这样的来访者，他的整个生命状态、感受状态往往都依附在别人身上，没有形成过自己的主体性，也意味着他几乎没有秘密。人的内核部分都是以自我秘密的方式显现出来的，他没有秘密，以至于他对别人的秘密特别感兴趣。在咨访关系中，他就会对咨询师的各方面都特别好奇，好像他要不断地获取咨询师的秘密以填充他自己的内在空乏。

对这类来访者的咨询工作，我们要从基本做起，除了确立自我的基本边界，还得帮助他们去获得属于他们自己的一些基本感觉。那么，怎样才能在维护好他们的自我基本边界的前提下，让他们慢慢获得他们自己的感觉呢？我们需要给他们提供一些基本练习方法，帮助他们保留住因为外部刺激而产生的内在感觉。对他们来说这些感觉可能很陌生，他们也不太适应但是不能把这些感觉扔掉，要慢慢把这些感觉都保留在心里。

在咨访关系中，咨询师当然不能一味地告诉来访者自身的情况。这样，他会感觉到一种失落和空白，而这种状态恰恰是帮助他的一个起点。他必须接受内在的空白状态，才能慢慢地去寻找合适的东西来发展和填补空白。快速地把别人的东西拿过来填在自己这里，这样做的结果只会让他陷入容易被别人占据和控制的状态。

84　为何不断提问却没有进展

在咨询过程当中，咨询师容易陷入一种想了解来访者更多，通过不断提问的方式来获取更多信息的状况，但是随着不断地提问、不断地获取信息，咨询并没有获得进展，一切似乎都没有改变。不管如何提问、获得多少信息，来访者给你的感觉始终是一团迷雾，让你不清楚到底是怎么回事。

这种时候你需要放慢节奏想一想，促使自己不断提问的内在感觉到底是什么。可能存在两种基本感觉，第一种是空白感。也就是来访者在你面前说了不少事情，暴露了一些自己的状况，可是你并没有因此对他有清晰的认识，你并没有一种"有一个人出现了"的感觉，所以你不自觉地想要知道更多，于是以提问的方式发出探索。

第二种感觉是你不知道该做什么，或者知道但是做不到。这其实涉及咨询师的身份焦虑问题。

这两者本质上来说是同源的，都是关于身份存在感的。换句话说，如果来访者带给你这些感觉的话，很可能是他处在不太具有身份存在感的状态，迫使你有了这样的反移情反应，用提问这种方式想要从规则层面确认他这个人的位置。然而，他在规则层面的存在感很低，不具有真正意义上的自我身份，所以自然而然就会引发你的跟身份相关的焦虑。

　　了解到这些以后，你就可以放慢节奏，从一再试图通过询问他各种各样信息的方式来得到他的回应中跳出来，而回到更加原始的层面上去。也就是说，你难以看到一个人比较完整的状态，只能试图去寻找他早期的一些基本内在感觉，可能是破碎的、片断的，然后慢慢从贫乏的状态中发现那些相对来说有强烈感觉的部分。当然你不能要求那些感觉都会有比较完整的具体化的意义。

　　这些感觉可能还没被带入跟意义相关的规则层面上去，你需要帮助来访者慢慢地理解他自己内在的那些原始感觉，这其实是引导他带着自己的感觉进入规则的一个过程。当你试图努力这么做的时候，你自己就不会焦虑。你自己不焦虑，才能让你的咨询师身份成为一个坐标、一个方向，带给来访者确定感，让他有一个方向，他就会向着有方向的、有身份的位置慢慢地凝聚。

85　过度警觉的人

有一类来访者对于提供自己的信息、暴露自己的状况，非常的警觉。比如过往信息、家庭背景，以及现实生活中的一些状况，每次在提供这类信息的时候，他都很抵触，有一种潜在的敌意和强烈的不安全感。这会让咨询师也有一种强烈的不安全感，会觉得来访者对他们有敌意，总以一种不好的体验和感觉向外传递信息。于是，咨询进展会很困难。

为什么会出现这种情况呢？这种情况一旦出现，不容易通过解释让来访者感觉到安全。这样的来访者，在建立平等开放的咨询关系上有困难。这种情况，在某种意义上来说是一种偏执状态。

一个人处在一种偏执状态，意味着他内在的自我非常破碎化和虚弱。偏执是把内在破碎的感觉通过外在的某些东西凝聚起来的一个过程，所以他锚定外在的问题、客体或者物件，让内在感觉凝聚起来。

如果否决了他自己的感觉在外在事物上的凝聚，等于再次激发他那些原本破碎的感觉，他通过偏执的投射方式获得的确定感就被击碎了。所以但凡有人要改变他对事物的想法、印象、感觉，他就会强烈地反抗，很不愿意接受。

如果碰到这样有过度警觉状态的来访者，你要知道他当前是一种潜在的偏执状态。

潜在的偏执状态肯定是缺乏安全感的，你不要轻易去改变他内在的某些想法，当他不想告诉你他的信息的时候，你不要急于去探索。因为他过于强调边界感，守得很紧，特别警觉，他总是感觉没有力量守护边界。他的意识化程度其实不是太高，能够守护的边界很有限，所以在他的意识化范围之内，他对边界的守护意识是很强烈的。

可在更广的范围里，他处在无意识状态，不自觉地、不断地被外界的各种信息影响，别人的各种反应也会影响他，这让他处于非常矛盾的状态。有时候他强烈要求守护自己的边界，有时候又会显得毫无边界。这是他内在破碎产生的结果。

面对这样的来访者，你拼命了解这些通过向外投射所形成的信息意义不大，反而要做一些正向的培养，让他守住那些秘密，不去打破它们，让他觉得安全。

作为咨询师，你对他的信息不要表现出太大的兴趣，你要帮助他建立和培养一些新的东西，帮他拥有一些可以控制的、属于他自己的基本感觉，让他守得住属于他的秘密。

这里有一些基本做法。偏执的人，有时候是通过做一件事情来维持自己的平衡的。如果他做事情难以坚持下去，就得鼓励他先完成一件可以坚持的事情；如果他做事情能坚持，那么他要学习慢慢地与别人建立基本关系。一开始不能要求太高,不要建立复杂关系,要先学会建立基本的关系,比如,简单的咨访关系。这是对待这种情况的来访者需要注意的一个原则。

86 只诉说梦境的人

有这样一类来访者,他们在咨询中会不断地向你叙述各种各样的梦,希望你能对他们的梦做出解释。

这样的来访者,对自己的现实生活谈得很少,在整个咨询过程当中,让你觉得除了梦之外,他的感觉、他的反应都是很贫乏的。他们好像只在梦中活着,在现实中他们非常乏味。其实这就是他们的困境。

他们会源源不断地抛出各种各样的梦,还会记录梦,并反复跟你讨论他们的梦是怎么回事。一开始你也许会被吸引,因为他们跟你在现实层面建立关系很困难,你觉得通过和他们谈论、分析一些梦,也许是跟他们建立某种关系的好方法,也可以对他们有一些理解。可是时间一久,你会发现他们好像陷入其中了,只是不断地跟你谈论梦。

面对这种情况,你需要了解来访者为什么要谈论这么多的梦。谈论梦最重要的一个原因,往往是他在现实生活中动弹不了,处在贫乏的、无意义的、无聊的状态。他要去改变的话，就要付出很多努力，他不愿意。所以他总是试图找一个捷径，做梦好像要比现实生活轻松得多，而且跟咨询师谈论梦，好像也是一件更轻松、更有趣的事情，所以他很喜欢不断地跟你讨论梦。

事实上，这种状态一旦出现，意味着咨询陷入了困境，在某种意义上暴露出来访者已经失去改变的动机。在这种情况下，你要拒绝跟他过多地讨论梦境，并且要指出他来做咨询的真正目的和意义是要回归现实生活，而不是停留在梦的想象当中。

咨询中总是在讨论梦，除了反映来访者自身的困难之外，同样也反映了咨询师的困境。

整个咨询过程就变成了做梦，咨询不再是帮助来访者进入现实并化解困境的通道，而是变成了对现实的逃避——让他感觉好像找到了一个世外桃源或者精神乐园，在这个地方没有现实的困难，没有现实的痛苦，可以随心所欲地追求所谓的精神自由。但这显然是种想象。

咨询师如果这时对来访者的梦过度地感兴趣，那不妨扪心自问，自己对现实的态度到底是什么？自己在现实中是否已经完全地自如？如果咨询师在现实中也有很多困难，那就要看清楚自己是否也有回避现实困境的倾向，以至于来访者会不断地跟自己讨论梦。

你如果是这种情况，就要慢慢地放弃对梦的探索。可以说，探索梦是为了更深入地了解现实困境的来源，但是如果完全置现实于不顾，只是不断地探讨梦是没有意义的。咨询应该聚焦于现实，在现实的探索中碰到困难的时候，可以自然而然谈一些有意义的梦。如果回避现实中的困难，只是一味地想要到梦境中去找答案，是很难找到的，即使找到了答案，答案的指向也不是应对现实的，所以没有太大意义。

87　沉溺于赌博的人

不少人沉溺于赌博，为什么呢？从现实角度来看，有两类人特别容易沉溺于赌博。

一类是"失败者"，他们在现实中没有身份，也很难赚到钱，很穷，他们想要通过赌博翻身，获得一些财产，当然结果往往是失败的。一类是"成功者"，他们在现实中似乎很成功，很有钱，他赌博的目的并不完全是赚更多的钱。

这两个类型的人都参与赌博，有什么共通之处呢？我们要从赌博这一现象和赌博隐含的规则来看。

参与赌博的人，往往把自己放在一种不可控的规则之下，但想象成一种非常平等的规则，有比较科学的概率，这个概率没有人可以控制。哪怕最简单的赌博，都建立在看起来不可以确定的概率的基础上——发给你哪张牌、牌面大小是什么、你是不是可以获得让你制胜的机会，这些不太能够由哪一个人控制，就像一种天意。于是，似乎让人感觉到这其中隐含着一种对于公平的向往。

赌博看起来是一种绝对化的公平，人就想在这样一种貌似绝对化公平的背景下，确认自己是不是可以获得一个相对应的位置。大家都平等，大家都遵守某一种不可违背的规则或者概率，这就给了"失败者"一种希望。在现实当中很多不成功似乎都可以归咎为不公平，他们不愿意看到自己身上的不努力。

他们渴望获得公平的机会，不愿意承认自己不成功是因为没有付出、没有争取。赌博的时候似乎并不需要努力，这就吸引了一大批在现实中受挫的"失败者"。

而"成功者"，他们对现实成功的规则把握到位，善于使用规则获取财富。他们赌博同样涉及规则问题。

从某种意义上说，他们对于现实规则的熟悉，也促使他们滋生出希望变得更加全能的愿望。现实中的规则都是人定的，如果能够掌握规则，固然能比别人好一些，可是人最终是被束缚和约束的，并不能够超越规则。

这类"成功者"，看似比较适应现实，但这种适应并不能在真正意义上让他们获得满足、获得确定感。于是他们试图到赌场上去摸索一种不是人为而是天定的规则，试图在那个地方确认自己的位置、确认自己的全能感。

88　特别喜欢整容的人

在现实中,有很多人特别喜欢整容。而且大家对于整容的看法也各执一词,有人支持,也有人反对。看起来这只是一个社会现象,事实上还隐藏着一些内在原因。

整容是一个人想要改变自己的形象,这种想法肯定是源自对自己的不满意,这种不满意跟内在的不确定感有关系。我们在之前反复提到过,一个人内在的确定感来自他在三元关系,即社会规则层面上的身份或者位置。一个拥有比较明确的社会身份的人对于自己内在的确定感比较确认,否则就会不接受自己。所以整容行为表明,一个人想改变自己的形象,从而试图修正别人对自己的看法或者自己在他人心中所形成的印象。

每个人内在的确定感或者自我身份认同都源于他人的反映,他人对你有怎样的看法,你对自己一般就会形成怎样的内在关键印象。如果你对这个内在印象不满意,那你就需要改变别人对你的看法。当然,这种改变是从内在出发的,通过你改变自己的内在状态去修正他人的看法，从而再一次使你内在的确定感发生变化。

整容就跳过了这一步，它是直接在自己的外形上做一个调整，来换取他人的肯定。这种形式上的变化带来的确定感也只是形式上的，并不能带来真正意义上的内在确定。喜欢整容的人，常常会对整容结果不满意，总会觉得整容效果跟他预设的不一致，这其实也反映了这种形式上的改变并不能在真正意义上达成他内在的期待。

你要想获得别人有变化的目光，尤其是影响你内在存在感的变化的目光，是需要从你的内在去调整的，而不只是在形式上做一个调整。形式上的调整，是为了逃避内在的变化必须接受的一个过程，必须付出的一种努力。

从内在的历程上来说，通过感觉的凝聚、情感关系的建立和确认，才能达到社会规则层面上形象或者是形式的确定。如果符号层面的形式不确定，反映你在内在感觉以及二元情感层面上很多的不确定，这才导致了他人对于你身份、形象的不确认。如果不修正一元、二元的状态，直接在符号层面上做形象改变，其实并不能改变你内在一元、二元的不确定状态。

那为什么很多人想要整容？无非是觉得那样做很简单，只是花一些钱来改变一下自己的形象，以此来获得别人的认可，尽管这种认可只是误认，并不能在真正意义上达成关于身份的价值感的变化。

过度地追求整容并没有太大的意义。这种现象反映出这样一种迹象，通过自己辛辛苦苦的付出去获得结果的过程是不被接受的。很多人都没有耐心，也没有努力付出的意愿，总想要有一个非常便捷的方式，不用去面对就可以直接获得结果。然而，我们要知道从来没有比努力付出更为便捷的方式。

89 寻求心理咨询的"灵修者"

很多咨询师会在咨询当中遇到喜欢"灵修"的来访者，在跟他们沟通的过程当中会发现一些困难，咨询师可能没有进行过类似的修行，无从对他们这种体验进行识别和分辨，当然更谈不上去解决问题。

我们要明白，真正意义上的灵性修行到底意味着什么？或者说指向哪里？简单来讲，所谓的灵性修行是指出世间的一些践行体系，让人为了摆脱世间种种烦恼，去做出相对应的一些努力的方法，它的目标和指向是可以让人彻底摆脱世间的种种烦恼。

要做到这一点，就要看到世间生活的无意义感，这种无意义感不是我们通常讨论的意义，而是存在层面上的指向。要一个人做到这一点，就得做到在世俗层面上游刃有余，没有太多困难，一般人遇到的困难对他来说都不是问题，他都有办法解决。如果他在世俗层面上做了所有努力之后，依然没有办法摆脱内心某种困境和苦恼，这个时候他会发觉有一种生而为人的困境，当他试图解决这个困境的时候，慢慢会进入一个所谓的灵性修炼、修行的过程。

如果一个人来找你做心理咨询，又要跟你讨论所谓灵修问题，事实上是一种很荒谬的状态，因为心理咨询要解决的是世俗化的问题，简单来讲就是帮助来访者适应社会，而不是让他完全摆脱社会。咨询师要帮助来访者建构他的社会属性，明确发展其社会属性中的功能，而不是帮他摆脱这些东西。

换句话说，来访者连获取这些功能都有困难，要彻底解决所谓生而为人的苦恼又从何谈起呢？来访者中的所谓的灵修者，他们其实是对世间困境进行逃避，不是真正想要彻底解决世间困境，也不会真正明白灵修者解决的问题到底是什么。这种情况下，跟他们讨论灵修经验是没有意义的，他们的经验根本不是灵修经验，但凡真正意义上能够获得这些灵修经验的人，在意识化发展道路上已经走了很远，非常清楚心理咨询要解决的问题到底是什么，压根不会找你做心理咨询。

拿着灵修问题来找心理咨询师，想要解决问题的人都是"伪装者"。这些人真正要做的是在世间好好努力、好好落地，去做他们该做的事，而不是一天到晚想着可以开悟、可以顿悟、可以彻底摆脱困境。

有一个看得见的例子：佛教创始人释迦牟尼，他本来可以继承王位，但发觉世间所有的快乐似乎并不能消除他内心的某一种苦恼，最后他放弃了王位，出家修炼成佛。释迦牟尼当时拥有这样显赫的地位、身份尚且如此，何况我们呢？

90 推荐朋友找你做咨询的人

有来访者推荐好朋友来找你做咨询,你应该如何理解和应对这种情况呢?来访者和他推荐的人是朋友关系,他们在社会层面上往往就会相互映照,是以此来获取彼此的身份确定感的同伴关系,他们势必就会有竞争的感觉。当然,这种竞争的感觉可能是隐含其中的,他们肯定也有合作性的关系。

来访者推荐朋友给你,你要充分考虑的是,他当时所处的咨询阶段或者咨询的状况,以及他的动机——他为什么在这个时刻介绍他的朋友来做咨询。他推荐的朋友到底是什么情况倒不需要过多考虑。

这种情况并不违背伦理,但是这确实是一种比较复杂的咨询关系,因为这涉及来访者在这一刻做出这个举动的意义和动机。你不能简单地把它看成只是接了一个新来访者,如果这样的话,你完全忽视了朋友关系会对来访者产生影响,这就不太恰当。你要评估,朋友在这一刻的出现对于来访者意味着什么,为什么在这一刻来访者需要做出这个介绍的行动。来访者的动机弄清楚之后,自然会成为一个契机，推动整个咨询的进展。如果你对此视而不见，可能就会成为一个阻碍。

当然，因为他们是朋友关系，涉及的内心体验，一般情况下并不会超过咨访关系。他们固然是很好的朋友，但是从内心的存在感或者身份的确定感来讲，他们会相互确立自己的存在，他们之间一般会存在一些必要的边界。如果两个人完全不分彼此，那可能就超越了朋友的关系。

来访者来做咨询，在某种意义上，一是为了梳理出自己感觉的界限，另外也是为了获得更深入的一种确定感。为了获取更深入的确定感，势必要建立和较深刻的感觉有关的连接。基于这样的出发点，来访者和咨询师为了解决困难，势必需要建立比日常生活更深的感觉连接。这种更深的感觉连接在朋友之间难以实现，否则来访者就不需要进行咨询了。

就此我们可以认定，虽然来访者与朋友同时在同一个咨询师这里做咨询，但是他们各自跟咨询师建立起来的跟感觉有关的连接，比他们彼此之间的连接都深。他们两个人都有基本的动机想要改变的话，肯定会是这样一个结果。

既然他们彼此之间关系的深度，在某些需要改变的地方比不上他们各自跟咨询师的关系，那咨访关系就不会受到他们朋友关系太大的影响。基于这一点，我认为这种情况是可以接受的，并且是可以处理的。

91 推荐家庭成员找你做咨询的人

在咨询中容易碰到一些关于转介的问题。比如正在进行咨询的来访者,把他的家人介绍给咨询师同时进行咨询。这种方式到底合不合适,可不可行呢?

在伦理上而言,这并没有违背伦理的地方。也就是说,一家人同时有两个成员,他们是直系亲属,在同一个咨询师这里做咨询,这并不违背伦理,但这确实会增加困难,这个问题需要具体来讨论。

一个家庭是社会构成的一个基本单位。如果是直系亲属,要么是亲子关系,要么是兄弟姐妹关系。一个家庭,或者是一个小型的家族,其成员在一定程度上是一个利益共同体,也就是说他们之间存在着一些无法割舍的关系,并且有一个共同的利益目标,意味着在达成这个共同目标的过程当中,一旦出现困难,彼此之间就有可能会产生逃避行为。

基于这一点,做咨询的时候,咨询师要把这一家人看成一个整体,或者看成一个系统。当来访者在咨询过程当中遇到了一些困难,或者说他要把家人介绍过来同时做咨询时，意味着他们面临的困难是一致的。所谓他的困难，也视同为他的家庭的困难，他需要另一个人也做出一些改变。这也就意味着，他对于自己所需要做出的改变，在某个地方可能有回避的成分，这可能是他要把家人介绍过来进行咨询的一个动机。

这一点咨询师必须要看到，如果看不到的话，就容易让家庭成员成为彼此逃避的一个对象，就会把自己应该承担的责任推到其他家庭成员身上去。如果做家庭治疗，这一点也许更容易看到，这种情况也就可以避免。但是做个体治疗的时候，必须对此保持警觉性以避免这种情况的发生。

推动每个个体向着进入社会规则的同一个目标前行，跟把他们作为一个整体进行的家庭治疗，其实是一致的，没有什么不一样。家庭治疗的目标也是帮助整个家庭进入到社会规则层面上去。这两种形式本身都是可以的，只不过同一个家庭的成员在同一个咨询师这里做咨询，会容易产生一些现实的困扰。

比如，有一些咨询师会觉得很难对这样的来访者坚持保密原则。其实，当你把他们都看成一个独特的个体的时候，他们各自的边界在你心里面是自然存在的。当然在对家庭成员做个体咨询的时候，保密原则是应该要保持的，但是不要过度地纠结家庭成员应该维持怎样的关系。

家庭成员应该维持怎样的关系是由家庭成员自己决定的，做个体咨询，是通过一个人跟咨询师之间建立起来的关系来反映他的状态，不需要过多地讨论他跟家庭成员的关系怎样，以及是否需要改变。这样的话，保密原则就不会构成麻烦。

有时候，特别是在面对一对夫妻的时候，遵守保密原则会面临一种特殊情况。比如一方有婚外情，另一方没有。婚外情作为一个秘密，肯定会影响和破坏他们的关系。咨询师如果遵守保密原则，一方告诉你这件事情，你显然不能告诉另一方。但是这会不会对咨询师产生影响呢？如果咨询师过度聚焦在他们是正常的夫妻关系，不应该有这样的状况存在，否则他们的目标就不能达成，或者他们的婚姻关系就无法正常维持，那咨询就会变得很困难。

事实上，咨询师应更多地聚焦于一个个体面对接受不了的某种规则的时候，他到底应该何去何从。探索他接受不了的对象到底处在什么状态，并不是最重要的。对方处在什么状态是对方的事情，对于这个个体来说，他要做什么决定才是更重要的。他所做的决定，更多的是依据他内心的体验和感觉，而不是依据现实事件。

在社会现实层面上，所做的决定依据的是社会事实。但是心理咨询更多的是确认来访者内心的感受性、主观现实到底是什么，不应过多地聚焦在客观现实上。秘密的存在，并不会影响我们同时去推进这两个个体的成长。

当然，我们对同一个家庭的不同成员做个体咨询，因为他们是利益共同体，也得避免他们相互推脱责任，但并不需要指出一个人是否把责任推到另一个人身上去，而是要看到这个个体在承担责任方面哪些地方有躲避，就可以了。

92　自我责任感是不是心理咨询的前提

有人提出，在心理咨询当中好像比较强调来访者的自我责任感，来访者有自我责任感是不是心理咨询的一个前提？如果来访者并不愿意为自己负责的话，是不是就不能进行心理咨询？

从我个人的角度理解，自我负责确实是心理咨询的一个前提。换句话说，改变的权利在来访者身上，并不在咨询师手里。这一点跟医学治疗不一样。在医学治疗中，病人要不要接受治疗很大程度上是由医生说了算的，当然一般情况下病人很少拒绝治疗。但是我们也会看到，很多时候病人自己不想治也是身不由己的。这不仅仅是医生决定的，他的环境、他的家人等都会对他产生影响。

心理咨询，相对来说更强调想不想治、想不想改变、想不想好。这些权利完全交付给来访者。我们当然可以认为来访者有自我责任感是进行心理治疗的一个前提，那他到底应该如何负责呢？

传统意义上的心理咨询，它的自我负责，是对自己负责，是建立在跟他人分离的基础上的。一个孩子慢慢长大，跟父母分离，他就相应地拥有了一些权利，他对自己负责。

　　他脱离父母，不需要父母为他负责的时候，他就得对自己负责。对自己负责，要依托一套规则，也就是遵守某一套大家约定俗成、愿意共同接受的社会规则，这套社会规则也会给你权利。这种自我负责，在某种意义上也是对社会负责。因此，对社会负责和对自己负责，在传统心理咨询上是一回事。

93　遗传疾病对孩子的影响是什么

遗传疾病，顾名思义它会发生一个传递，比如从父母传递到孩子。那遗传疾病对孩子到底有什么影响？

这里我们所要探讨的影响，并不是指非常具体化的现实影响——父母把疾病传递给了孩子，孩子从小得了遗传病。他具体是哪一种病，就会产生相对应的很多功能上的损伤，也可能会带来很多不便，甚至有可能会有病耻感。这些都是非常具体化的。

要理解我们所说的影响，要先弄明白语言在社会语言体系当中到底意味着什么。

一个人，从身体层面的感觉和感受，慢慢地发展到社会规则层面的身份感。你的感受、感觉是一种存在，这种存在非常具体，甚至可以说非常生动，但是它没有明确的归属性，它发生在身体层面上，这时候你还没有身份感，所以这些感觉并不能带给你一种意义，甚至有时候，你都不能界定是不是自己的感觉。

身体层面上跟感觉有关的存在会慢慢转化成更加有方向的、有归属性，也更加确定的存在，也就是从一元向二元，乃至三元发展。在二元状态，与感觉有关的情绪性反应，变成了情感性反应。两者最大的区别在于，情感性反应总是指向一个对象，而情绪性反应其实是泛指的，不指向哪一个特定的对象。一旦指向对象，就有了关系。这个时候，你的存在感存在于关系中。因为你所依托的是一个非常具体的人，他有很多的不确定，所以你的确定感就不足。

于是你就会用一套人人都要遵守的规则体系来替代你需要和依赖的那个人，也就是你情感指向的那个人。这时候，你进入了社会语言体系，获得了一个身份。这个身份带给你的存在感相对比较明确。不同的身份具有不同的意义。你的身份本身的意义让你更加明确自己的位置，让你知道要往哪里去，你有了方向感，也有了归属感。

我们所说的遗传疾病，指在身体层面某一些没有被言语化的东西的直接传递。它们是一系列感觉的聚集，甚至会导致生理上的很多变化，本质上是一系列的身体变化，以及与之相对应的种种感觉。

它们的存在感当然很强烈，但它们无法被言语化，意味着无法进入到社会语言体系中，不能被言说，这时它们只能通过身体，比如通过亲子通道从父母传递给孩子。

当然，除了遗传疾病之外，还有一些东西也会这样被传递。代际传递这个概念，在心理咨询中并不陌生。有时候也不一定是疾病，某一些内在的感觉、习惯，甚至你莫名其妙的一些生活模式等等，都会通过这个途径来传递。从本质上来说，遗传疾病跟这些没有被言语化的感觉性的传递是一样的，只不过前者会对健康产生影响。

94　社交关系和情感关系有什么区别

表面上看，社交中也带有情感成分，好像社交关系很多时候也可当成一种情感关系。事实上，这两者是有区别的。

它们的出发点不一样。情感关系比较纯粹，彼此以情感需要作为交换条件，相互照顾，不太涉及社会符号化的利益关系，也就是彼此因为情感性的反应、情感性的需求建立起的一种连接。情感关系处于二元阶段，有依赖性。

社交关系，显然是社会规则层面上的关系。社交关系的根本是为了进行一种利益交换。彼此愿意建立社交关系的根本出发点，不是为了单纯情感上的满足，而是为了社会规则层面上的利益。

情感关系发生在二元阶段，是一种依赖关系。社交关系发生在三元阶段，是具有独立社会身份的人之间的一种利益交换关系。

现实中有很多似是而非的社交关系，实际上关系双方可能一个人具有独立的身份，而另一个人不具有独立的身份，他只是想要依附在这个具有身份的人身上。这种不对称的关系，一般以失败告终。

也就是说，一个在情感层面上有更多需求的人跟一个在利益层面上有更多需求的人建立关系，前者往往会感到上当受骗，因为他们的交换不对称。前者更看重的是情感，后者更看中利益。这两者其实不在一个频道上。

但是，情感关系和社交关系可以进行转换。一般来说，情感需要被转化成符号化的利益需要，我们才能进入社会体系，才能获得社会身份。

在一个人的心理发展历程当中，他如果能够跟他人进行符号化的利益交换，在社会规则层面就会拥有一个社会身份，也就是成了一个社会人。如果还不具有这个能力，他就不是一个真正拥有社会权利的人。也许从形式上来看，他也获得了社会身份，实际上他还处在类似孩子的状态。

带着情感需要的成人化的"小孩"，和具有社会身份的成人打交道，本质上不是社交关系。

情感关系没有办法代入社会规则层面的利益交换中，所以要发展出符号化的利益关系。情感需要是无法自控的，不能被固定在某一个特定的位置上，有不可控制、不能被固定的性质。

而利益交换，相对比较固定。一旦到达利益交换的层面，所有需要就可以被标准量化。在社会规则上建立起来的关系也比较稳定。在成人的世界中，可以将符号化的利益关系作为一个参照，来看待一个人是否足够成熟。

95　成人的世界有爱情吗

有人说，成人的世界没有爱情。爱情是发生在成人之间的一种情感，怎么能说成人的世界没有爱情呢？

相信很多人对此有过深入探索。电影《情诫》讲的是一个青春期的男孩很喜欢一位成熟的女性，他对她一直有一个偷窥的行为。他心中对她充满了想象，他觉得自己非常爱慕她，但她一开始对他没有任何的感觉。

这个男孩因为对她有这种渴望，所以不断想方设法地去接近她，进入她的生活。后来，他成功地进入了她的生活，跟她面对面有了认识，并且对她表白。

她对男孩的表白并不能理解。她问，他说爱她，是想跟她一起吃饭、一起旅游，还是一起上床。男孩回答她说都不是，他只是爱她。

成人世界其实就是一个符号化的世界。在一定程度上，人是被物化的符号。人们之间发生的关系的本质，都是符号化的利益交换。纯粹的情感性的爱在成人世界似乎没有办法被理解。那它是不是就完全不存在呢？当然不是。

一个人的存在是多元性的。他既有社会规则层面的身份存在，也有情感层面的存在、身体层面的存在。这三个存在是有重叠的。

后来，男孩因为这位成熟女性没法理解和接受他的爱，非常失望，然后转身离开了。他觉得活着没有意义，于是自杀了。幸运的是他最后活了下来。他因为住院，消失了一段时间。这位女性突然感觉情感需要的部分被触动了。原来，她固定在成人位置上的时候，她抑制了自己的情感需要，沉溺在利益交换的符号化关系中。

男孩消失后，她却特别想念他。他们的关系发生了倒置，这位女性好像突然变成了"小孩"，想要去找到男孩，告诉他她明白了他的感觉，她愿意接受他的这份感情。可是男孩出院以后，经过这样一个挫折，突然"长大了"，成为一个"成人"，他放弃了这种感情，冷漠地跟她讲，他已经忘记这些事情了。

可见，爱情确实不存在于社会规则层面。

96　如何维持亲密关系

什么是亲密关系？如何才能维持亲密关系呢？

成人世界中的亲密关系，其实就是指两个具有独立行为责任能力的人之间建立起来的一种可以维持生存、满足彼此需要，并且能够持续存在的关系。我们笼统地把它称为亲密关系，但是其中隐含着非常多的成分。

简单来说，它大概具有这样的几种成分。

第一是融合性的成分，也就是不分彼此的感觉，你的就是我的，我的就是你的。这类似于幼年时期，甚至婴幼儿时期跟母亲不分你我、完全一体化的感觉。

第二是依赖性的成分，就是有你有我，彼此需要。

融合性和依赖性，都是亲密关系中的重要部分。但是这两个部分都不能让人获得确定感，或是维持稳定。

为了让关系变得更稳定，我们就会追求一种符号化的利益关系。这就是符号性的成分。

融合性、依赖性、符号性是成人化的亲密关系的共同组成部分。在社会规则层面上，跟身份有关的符号性关系，给你提供一种稳定性跟确定感，情感层面的依赖关系给了你跟需求有关的一种满足感。当然这种满足感不够强烈，最强烈的是融合性关系中的感受性满足。满足感越强，稳定性就越差，确定感就越弱。

融合性、依赖性、符号性，这三个部分在成人化的亲密关系中是共存的，但是它们的比例不同，如果比例失调，可能就会导致亲密关系失衡或者不稳定。一般来说，符号性的比例最高，依赖性的比例其次，融合性的比例最少。三部分的比例恰当，关系就会比较稳定，可以长期维持亲密关系。

97　爱情在心理咨询中意味着什么

爱情，允许彼此把对方想象成自己理想的那个人。

这需要一些前提：双方有一定的距离，各自保留一些秘密，感觉不太了解对方，保留一定的参与性，有触不可及的感觉。这些，也构成了爱情的基础。

当然，爱情也要求：双方有相似性，建立足够的信任感。

但是，多年的好朋友之间不太容易发生爱情。因为双方的距离太近，两人太熟悉，两人之间没有差异性，没有吸引力。爱情无法滋生。

就像在两性关系中，如果一方对另一方的心理活动了如指掌，还会有激情吗？还会享受掌控的感觉吗？

在两性关系中，彼此都是对方进入这个世界，或者了解这个世界的一扇门。通过对方，你将会对这个世界有更深更广的体验。打个比方，如果我们对一扇门了解得非常清楚，可以促进我们对这个世界的兴趣。当我们可以很清楚这扇门是怎样的构造的时候，知道推开这扇门能看到哪些东西的时候，我们会对这个世界有更大的兴趣，并不会因此失去对这个世界的热情。

通过对方,我们看到世界变得更加广阔和浩瀚,这是从心理咨询角度看到的爱情。

98　个体治疗与团体治疗的区别

不管是咨询师还是来访者,都会有这样的疑问:到底什么形式的咨询才是合适的,精神分析、认知疗法,还是团体治疗?

不管是精神分析、认知疗法,还是其他形式的治疗,本身来讲只是一种形式,它们虽有自己不同的理论取向,但都是用来实现人的改变,或解决问题的手段。如果咨询师把解决问题界定为促使一个人内在成长或者变化的前提,不是就事论事地解决问题的话,就需要深入地去了解这个人,帮助他深入了解自己的内在状态。这种情况下,精神分析可能比认知疗法有更多优势。

个体治疗跟团体治疗,我觉得各有利弊。如果是个体治疗,咨询师可以给来访者提供相对应的符合他自身节奏的支持,他会感觉到自己能获得更细致的照顾。但是,个体治疗是一对一进行的,咨询师再有经验,也有个人的局限性,放置在咨询关系中,他能提供的视角,能提供的感受性的经验,是一个有限的范围,宽广度可能就会相对受限。

团体治疗在这一点上跟个体治疗有所不同,一个团体中可能有十几二十人,他们的经验和感受范围显然比一个人的更加宽广。这就可以弥补一个个体自身经验的局限。团体治疗比个体治疗容易提供更宽泛的视角和丰厚的经验。

跟个体治疗相比,团体治疗有一个不足。它不像个体治疗可以非常细致地跟随或者贴合来访者的需要,跟着来访者的节奏,慢慢地给来访者提供支持。它是一个团体的节奏。团体的节奏是由团体中的所有成员共同决定的。比如对某些成员来说,节奏可能是偏快的;对某些成员来说,节奏可能又是偏慢的。那么,他们获得的支持就不如个体治疗那么贴合自己。事实上,如果你真的想要改变,这并不是真正的影响因素。

总体上来说,如果你改变的动机足够强大,那么团体治疗比个体治疗对个人的推动力更大。因为它提供了更多的视角,它没有过多考虑和满足个人临时性的支持和需要。

这两者各有利弊。如果你做好了准备,更讲究效率的话,那团体治疗比个体治疗会更有优势。

99 为何要改变原生家庭对自己的影响

人为什么要摆脱原生家庭对自己的影响？在什么情况下需要摆脱？摆脱了到底有什么好处？

这些其实是跟心理成长有关的问题。原生家庭对自己的影响，肯定既有有利的一面，也有不利的一面，我们试图改变的当然是不利的一面。你生活在那个环境中，好的、坏的影响都会接收到，你没有办法摆脱，但是你可以改变它。

原生家庭中父母身上的局限性会对你产生影响，如果你不去改变这些影响的话，父母的局限性也将成为你的局限性，也就意味着父母在社会中不能达成的目标，你多半也达不成。这当然对你的发展和适应现实是非常不利的。

如果你能在这个基础上有所成长、有所改变，意味着你发展了一部分你父母不具备的能力。这样既可以使父母在你身上留下的不利的影响减小或消除，也有利于你获得属于自己的感觉。这对帮助你获取一个属于你的身份，在社会中确定你自己的位置，是非常有益的。

如果你所有的感觉统统来自父母，那么即使你父母的局限性很少，发展得非常不错，你似乎不用弥补他们的漏洞，就可以很好地适应社会，你还是会有一个问题——你难以找到自己的感觉。父母给了你很多好的影响，你只要继承他们这些影响，就能够很好地适应社会，可是你感觉不到自己在哪里，你内在的感觉统统被父母的感觉覆盖，你没有你的感觉，你独特的身份感出现不了。

更何况，这只是从理论上来讲。在现实中父母不可能那么完美，他们总会有一定的局限性。整个社会、整个时代会不断地发展。在父母那个年代，他们作为非常成功的人适应了他们的那个年代，可是现在跟他们那个年代也已经不一样了，他们不一定能适应。如果你只是一味地继承他们给你的好影响，而不去改变他们带给你的局限性，那你很有可能适应不了现在的生存状态。更何况，父母当时的长处和优势，到了你这个年代可能恰好成为局限性，这也是完全有可能的。

你需要不断地改变父母在你身上留下的原生家庭的影响或者印记，一是为了适应生活环境，二是为了获得属于自己的社会身份以及自我存在感。如果不摆脱原生家庭影响的话，你是没有办法达成上述目标的。你可以生而为人，成为你自己。

有一点很重要，我说要适当地改变原生家庭带给自己的影响，但我们也得知道，我们的起点就是原生家庭带给我们的影响。我们要改变，就得先接受它是我们的一个出发点。如果完全否决原生家庭的影响，直接认为它们是不好的，不想要，那恐怕我们也很难有所发展。

100　做咨询时能讨论信仰吗

信仰是一种非常强烈的信念，是个人愿意带着全部的情感去接受的，而不仅仅是理智上的接受，并且愿意将之作为自己言行的准则，不加怀疑，全部接受。它让我们的言行举止和生命历程有意义，久远且恒定，并不是一种短暂的意义。

人对于世界的认识需要一个缓慢的过程，无法一下子就会有一个彻底的认识。在你还没对这个世界有彻底认识之前，你的信念体系就没完全建立。随着对世界认识的慢慢加深，你会产生一种属于自己的信念，等它强烈到一定程度，才能慢慢演变成一种信仰，这是一个过程。

如果跳过信念的产生、信念的坚守，直接就想到信仰状态，那往往不是真正的信仰，很有可能只是逃避生活困境的借口。比如，有的人不愿意面对生活中的困境，茫然接受某一种信念体系，并来应对现实。这是躲开现实问题，并不能解决问题，反而变成了一个障碍。

建立信仰，也就需要一套发展得比较完善的自我功能体系，否则，难以拥有真正的信仰。

在心理咨询中，我们往往会碰到这种情况，来访者貌似有某种信念，但并不真正把它作为践行生活的标准和理念，只是在思想上接受它，在行为和情感上并非全然接受。如果这样的话，就不是真正意义上的信仰，说明他的内在感受体系、思想体系和外部行为体系之间存在断裂。

信仰对一个人是否重要？我觉得挺重要的，信仰可以帮助一个人真正获取并且确认他的生命历程的意义。一个人如果没有信仰，就会经常陷入无意义状态。信仰的要求很高，一般人可能一辈子也未必有信仰，但是都会有一些自己愿意坚守的信念。

信仰有没有意义呢？信仰是在信念的基础上的一个提升，是一个比较完整的系统。它由践行体系和理论体系结合在一起，对我们具有真正的指导意义。

一个具有信仰的人往往不会来做心理咨询，因为他不需要，信仰就可以让他获得人生意义。

101　未来的来访者

在今后的社会环境当中,哪一种类型的来访者会越来越多?

我们要明白,来访者之所以出现困境和问题,是因为他不能适应当前的社会文化环境。他为什么不适应当前的社会文化环境呢?从代际传递的脉络上来看,很可能是父母把一些不适应的、不恰当的方式传递给了来访者,或是他从父母或其他养育者那儿获得的应对社会环境的体系不适应他当下的社会文化环境。

一般情况下,父母传递给我们的不恰当的信念和方式,会让我们觉得行动变得特别困难。第一,可能父母本身的行为规范体系有问题;第二,可能父母的那一套体系在他们那个年代是有用的,也是有效的,但是因为社会文化环境发生了巨大改变,对他们的下一代来说就不恰当甚至是错误的,导致孩子出现问题。

社会文化环境是变化的,变化不是匀速的,有时比较慢,有时比较快。社会文化环境变化比较慢,对人们的影响就不明显;变化很快,人们会不适应环境,因而出现很多问题。

社会文化环境的改变,是普遍意义上导致出现大量来访者的重要原因。但是我们也得看到我们这个快速变迁的时代的特征。在后现代语境下,很多东西破碎化、去结构化,否决了很多确定性,人们似乎感觉特别自在、自由,行为准则、社会伦理变得多元化,人处在其中好像没有太多约束;同时,人们觉得失去了归属感,失去了确定感,虽然感觉自由,却因不确定性而有失落、失去根的感觉。

今后,我们可以预见在情绪方面表现为焦虑状态的人会越来越多,因为身份的确定感非常弱。随着社会文化环境的变化和发展,我们究竟建立怎样的价值体系,获取怎样的可以被接受的身份,创造怎样一套行之有效的行为规范体系,是我们面临的重要问题。